科学家给孩子的

12 封信

人“菌”恩仇

孙万儒　著

中国大百科全书出版社

图书在版编目（CIP）数据

人“菌”恩仇 / 孙万儒著. -- 北京 : 中国大百科全书出版社, 2021.1

（科学家给孩子的12封信）

ISBN 978-7-5202-0868-0

Ⅰ. ①人… Ⅱ. ①孙… Ⅲ. ①细菌－青少年读物②病毒－青少年读物 Ⅳ. ①Q939-49

中国版本图书馆CIP数据核字(2020)第241193号

人“菌”恩仇

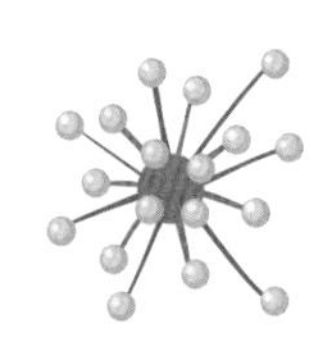

出 版 人　刘国辉
策 划 人　刘金双　朱菱艳
责任编辑　海艳娟　杜乔楠
审　　稿　朱菱艳　王　艳
插图绘制　龙会雨　北京无限萌文化传播有限公司
设计制作　锋尚设计　郑若琪　张倩倩
责任印制　邹景峰

出版发行　中国大百科全书出版社有限公司
（北京市阜成门北大街17号　邮编：100037　电话：010-88390759）
印　　刷　北京汇瑞嘉合文化发展有限公司
开　　本　880mm×1230mm　1/32　　印　　张　6.5
版　　次　2021年1月第1版　　印　　次　2022年5月第4次印刷
字　　数　78千　　书　　号　ISBN 978-7-5202-0868-0
定　　价　35.00元

这是一群神奇的“小精灵”，

你看不见它们，

它们却无所不在：

书本上、身体里、空气中。

它们很古老，

是地球生命的“老祖宗”；

它们很重要，

是维护生态健康的得力“保镖”。

有时，它们是“恶魔”，

让人生病，

让花儿凋落；

有时，它们又使人受益良多，

助患者抵御顽疾，

助庄稼结出硕果。

它们是微生物大家族，

“明星”成员是细菌和病毒。

它们与人有着不解之缘，

它们的故事传奇满满。

接下来跟随孙万儒，

一起走进神秘的微生物世界吧！

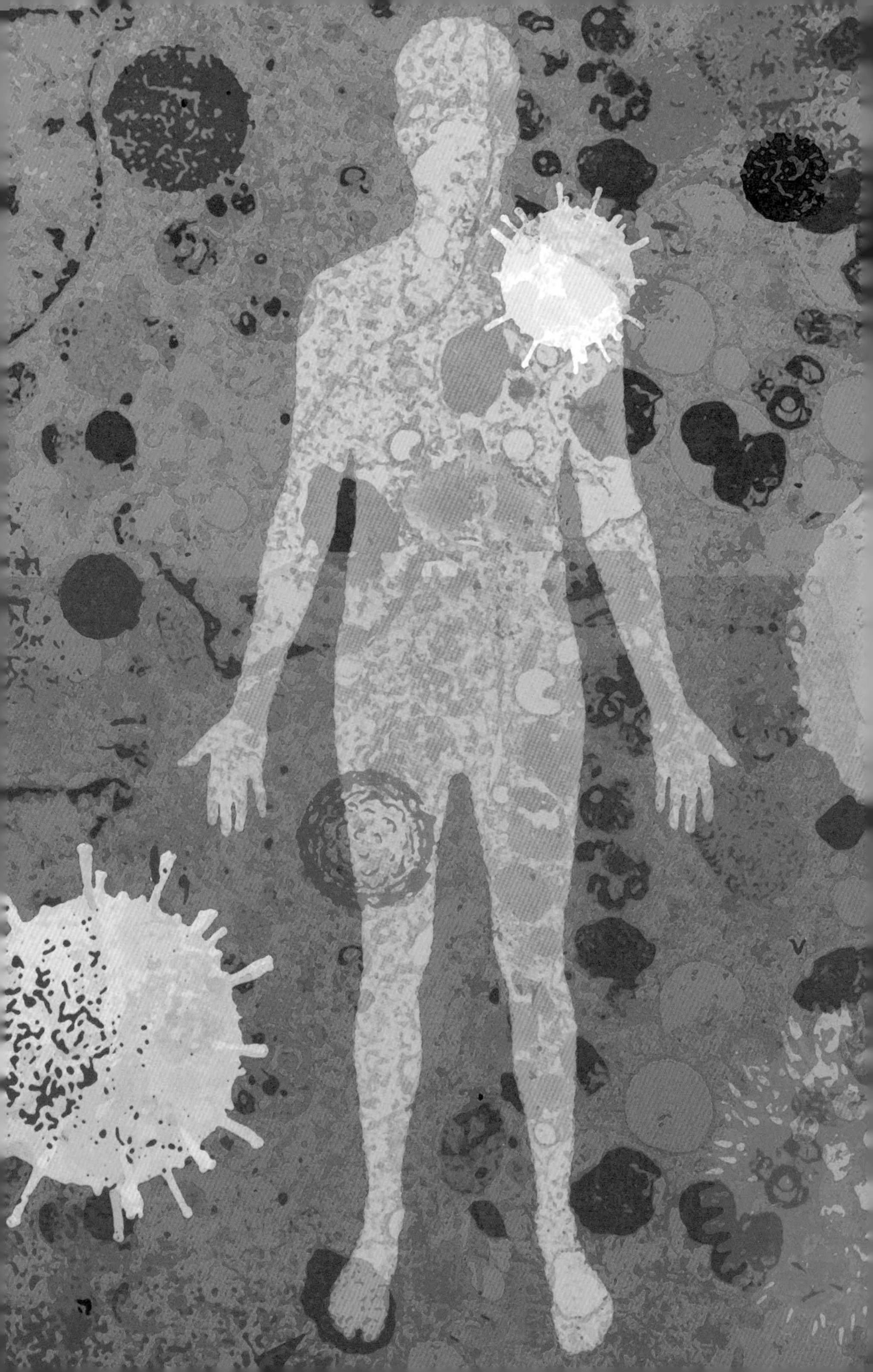

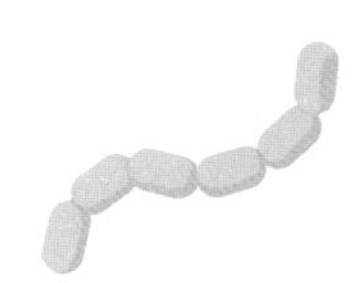

第1封信
地球生命 7

第2封信
微生物大世界 23

第3封信
“恋恋不舍”的细菌 ... 39

第4封信
可怕的细菌 57

第5封信
细菌之恩 73

第6封信
细菌与病毒 87

第7封信
迟来的病毒 103

第8封信
你最记恨的病毒 ... 121

第9封信
病毒亦有益 139

第10封信
冠状病毒惹的祸 ... 155

第11封信
细说新冠病毒 173

第12封信
对付病毒的难题 ... 191

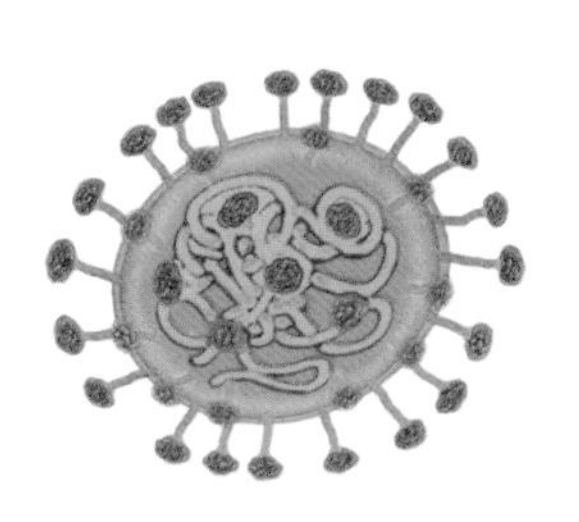

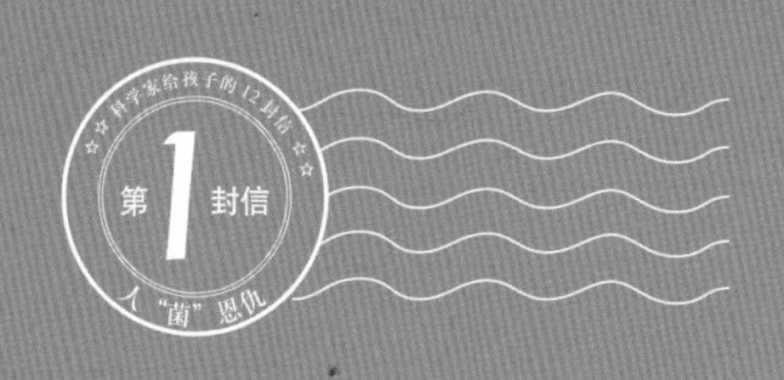

地球生命

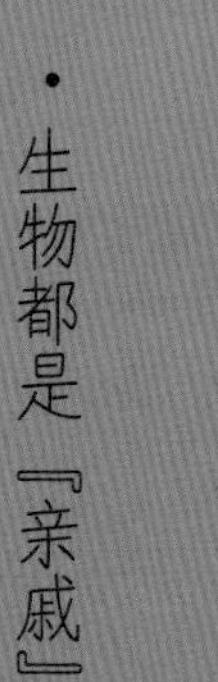

- 生物都是『亲戚』
- 生物分类的新难题
- 怎样给生物分类
- 地球生命的演化

你有没有想过你从哪里来？地球生命从哪里来？这样的问题，人们已经探讨了一两千年，有人说："地球生命从外星来。"有人说："地球生命是土生土长的。"直到现在人们还在争论。

地球生命的演化

科学家认为，地球形成初期是个炙热的大火球。随着时间的推移，大火球慢慢地凉了下来，大量水蒸气冷却，落在地球表面，越积越多，各类无机盐溶解在水里，约42.8亿年前，地球上出现陆地和原始海洋。

从火山中喷出的气体，形成了地球最早期的火山气体大气层。

刚刚形成的地球大气层只有氮气、氨气、甲烷和二氧化碳等还原性气体，高气温、频发的雷电等作用于还原性气体，为有机物的合成提供了能量。另外，紫外线直射、火山爆发、宇宙射线以及陨星穿过大气层引起冲击波释放能量等，都有助于水中的有机物、化合物的合成。有机物不断积累，使原始海洋成了"生命的摇篮"。现在化学家通过实验已经验证了这个过程。有机化合物集聚形成大分子，它们通过漫长岁月的不断选择、优化，逐渐具有了复制、延续能力。形成的"胶团"进一步优化、复合、功能分化、组织化，逐渐形成具有特定结构，可分化、繁殖的最原始的细胞型生物。

地球上最初的生命大约诞生在40亿年前，科学家推测它们是一种结构非常简单的单细胞生物。大约36亿年前，蓝细菌出现，它们含有叶绿素，可以进行光合作用，产生氧气，使得地球的大气层逐渐有了氧气。随着蓝细菌大量繁殖，大气中的二氧化碳逐渐减少，氧气不断增加。大约25亿年前，陆地上也出现了具有光合作用的藻类，使得大气中氧气的浓度快速增高；至大约18.5亿年前，大气中的氧气浓度从0.02%上升到了4%。由于当时的原始细菌都是生活在无氧的环境里，氧气对于它们是有毒的，大量的厌氧生物被氧气杀死，致使地球上高达99.5%的生命消失。

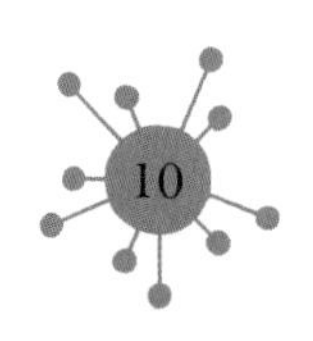

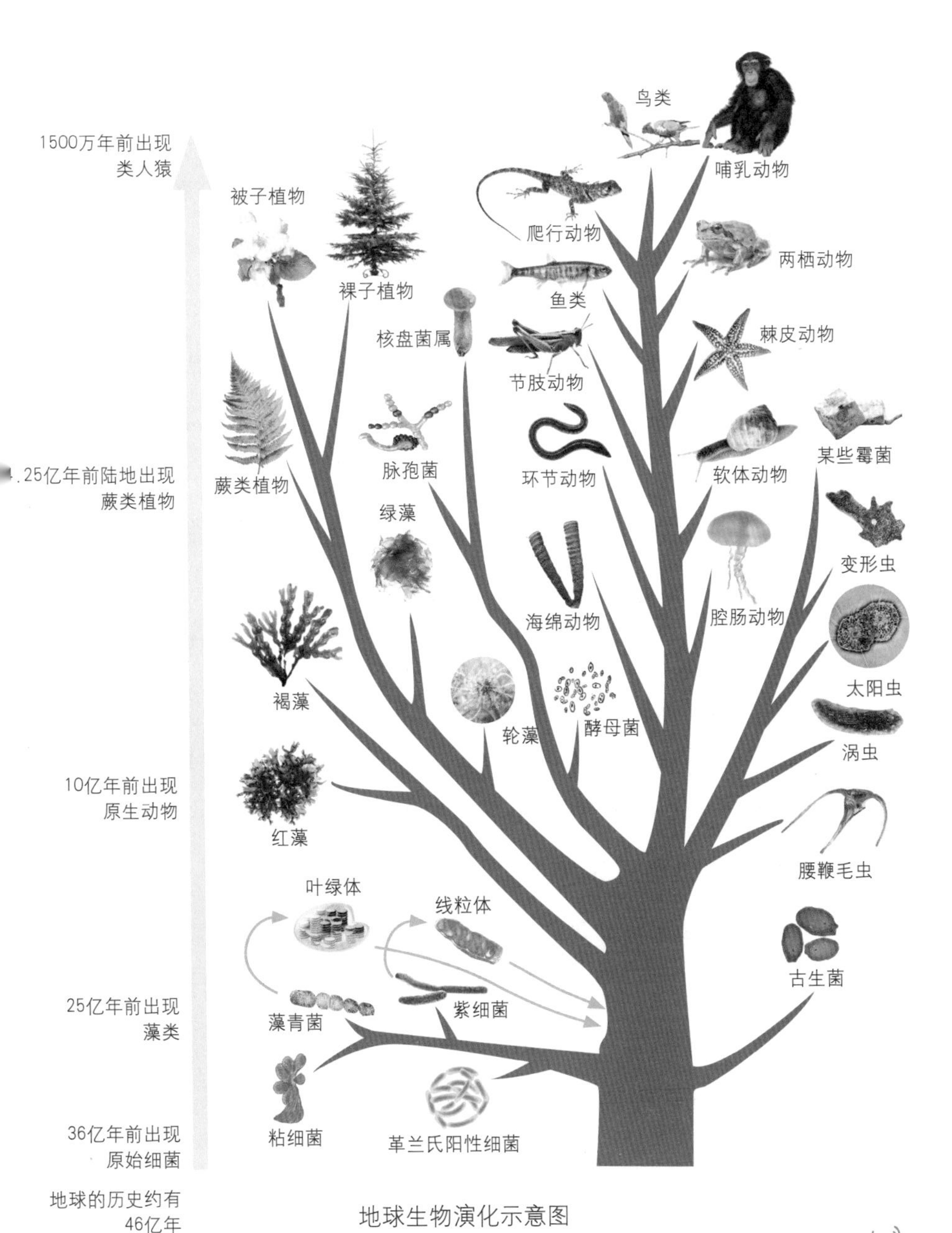
1500万年前出现
类人猿
.25亿年前陆地出现
蕨类植物
10亿年前出现
原生动物
25亿年前出现
藻类
36亿年前出现
原始细菌
地球的历史约有
46亿年
鸟类
哺乳动物
被子植物
裸子植物
爬行动物
两栖动物
鱼类
核盘菌属
棘皮动物
节肢动物
某些霉菌
脉孢菌
环节动物
软体动物
蕨类植物
绿藻
变形虫
海绵动物
腔肠动物
褐藻
太阳虫
轮藻
酵母菌
涡虫
红藻
腰鞭毛虫
叶绿体
线粒体
古生菌
藻青菌
紫细菌
粘细菌
革兰氏阳性细菌

地球生物演化示意图

残留的生物在新的环境下不断演化，到大约10亿年前，地球上出现了原生动物。它们由单个细胞构成，因此也被称为单细胞动物。但是细胞内进化出具有特定功能的各种细胞器，使得原生动物具有行动、获取营养、呼吸、排泄和生殖等能力，每个原生动物都成为一个完整的有机体。大约7亿年前，蠕虫、水母等复杂的动物出现在原始海洋里，不久，有脊椎的鱼类诞生了，接着更高级的爬行动物和哺乳动物陆续出现。

大约4.25亿年前，藻类摆脱了水域环境的束缚，登陆大地，进化为蕨类植物，为荒凉的大地披上绿装。之后植物经历了3次灭绝，3次新物种暴发，延续至今，形成当今复杂的植物世界。

我们人类的祖先类人猿大约是在1500万年前出现的，经历1000多万年的进化，200万～300万年前进化成为智人，现代人出现在20万～30万年前。

如果将地球从形成到现在的45.67亿年压缩成一年，人类的出现大约是在12月31日23点30分。与地球上出现最早且延续至今的铁细菌、蓝细菌等一些古老的微生物相比，你是不是觉得自己的资历也太浅了？

怎样给生物分类

18 世纪，瑞典生物学家卡尔·冯·林奈将自然界划分为三个界：矿物界、植物界和动物界；建立了四个分类等级：纲、目、属和种，为以后的生物分类学确定了规则。

直到 1859 年，英国生物学家查尔斯·罗伯特·达尔文的《物种起源》出版以后，进化思想才在分类学中得到贯彻，明确了分类研究在探索生物之间的亲缘关系中的作用，使分类系统成为生物系谱，由此系统分类学诞生。现在分类学包括七个主要级别：界、门、纲、目、科、属、种。种（物种）是基本的单元。

到 20 世纪中后期，人们根据生物形态和细胞结构又将生物分为五界：动物界、植物界、真菌界、原生生物界和原核生物界。后来发现这种分类方式还缺少了病毒的位置，于是人们又将生物增添一界——病毒界，使得生物分类成了六界。

20 世纪 70 年代，分子生物学迅猛发展，细胞生物学日益完善，人们引入“域”作为生物最高的类别，目前将所有生物按它们的细胞结构分为两域：真核生物域和原核生物域。

真核生物域是所有具有细胞核的单细胞或多细胞生物的总称，它包括所有动物、植物、真菌和被归入原生生物的单细胞生物。这些生物的共同点是它们的细胞内含有细胞核以及其他细胞器，此外它们的细胞具有细胞骨架来维持其形状和大小。所有的真核生物都是从一个类似于细胞核的细胞，如胚胎、孢子等发育出来的。真核生物的另一个特点是，它们的细胞在制造蛋白质时可以用同一段染色体制造不同的蛋白质。

原核生物域是一些没有细胞内膜、染色体膜和细胞核膜的单细胞或多细胞的低等生物的总称，包括没有细胞核的细菌和古细菌。但是人们又发现细菌和古细菌的细胞壁结构及化学性质、细胞膜结构、细胞新陈代谢功能很不相同，应当分开，所以又多出一个古菌界。再后来真菌被分出植物界，也成为独立的一界。

最新的基因研究发现这种分类法并不十分正确，于是没有细胞核的生物，如细菌和古细菌被分入原核生物域。只有在真核生物中还有界的分法，真核生物分四个界：原生生物界、真菌界、植物界和动物界。

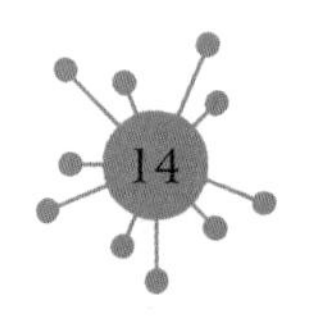

真核生物域

真核生物域是所有具有细胞核的单细胞或多细胞生物的总称。

动物界

动物多以有机物为食料，有神经，有感觉，能运动。

脊索动物门

动物界最高等一门，分为三个亚门：尾索动物亚门、头索动物亚门和脊椎动物亚门。人属于脊椎动物亚门。

哺乳纲

哺乳动物具有身体被毛、体温恒定、胎生和哺乳等特点，是动物界进化地位最高的自然类群。

灵长目

灵长目具有大脑发达、眼大、前视、手特别灵活等特点。

人科

现生黑猩猩与现生人类、能两腿直立行走的化石高等灵长类为人族。有学者将人族与现生大猩猩、猩猩和化石猿类巨猿、禄丰古猿、森林古猿等归为人科。

人属

人属包括已经绝灭的能人、直立人、弗洛勒斯人和现存的智人。

智人

人在生物分类中物种的学名为智人，包括已经绝灭的早期智人、晚期智人和现在生存的现代人种。

人在生物分类系统中的位置

生物分类的新难题

生物分类学是研究生物类群间的异同以及异同程度，阐明生物间的亲缘关系、基因遗传情况、物种进化过程和发展规律的基础科学。随着科研的进步，生物分类的方法也在不断完善，而病毒这一特殊的存在为生物分类制造了新的难题。

要讲生物分类，首先要知道生物与非生物的区别，但是人们似乎没有办法准确定义病毒是生物还是非生物。病毒虽然可在其他生物体内寄生并复制，但在生物体外却没有一般生物的特征，如制造或摄取营养、生殖等行为。一直以来，DNA 被视为生命遗传物质，经由 RNA 的转录转译过程，形成蛋白质，再进一步形成细胞的构成部分，如细胞膜、细胞器等。人们长久以来认为细胞是组成生命体的最小单位。而引起疯牛病的朊病毒可以造成感染，却无 DNA 成分。

病毒打破了原有的生物分类，于是人们又在构思新的分类系统。右图所示的分类方法你认为如何呢？

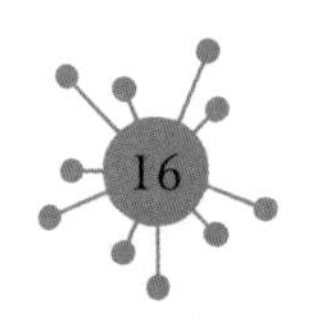

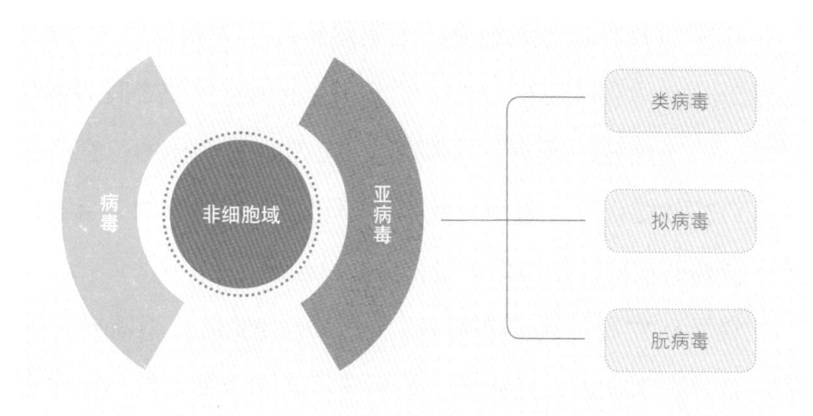
病毒
非细胞域
亚病毒
类病毒
拟病毒
朊病毒

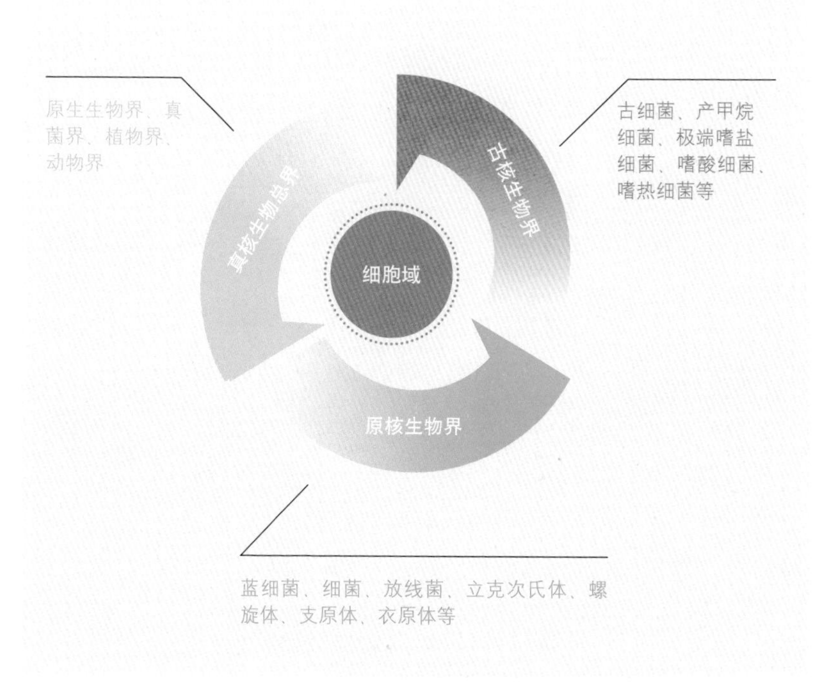
原生生物界、真菌界、植物界、动物界
真核生物总界
细胞域
古核生物界
古细菌、产甲烷细菌、极端嗜盐细菌、嗜酸细菌、嗜热细菌等
原核生物界
蓝细菌、细菌、放线菌、立克次氏体、螺旋体、支原体、衣原体等

新的分类系统

这样的分类以有无细胞、细胞结构和基因相似性为标准，包括了几乎所有的生物，也体现了生物进化和生物之间的亲缘关系，似乎比较“完美”。但是不足之处也是明显的：它打乱了人们的传统认知，整个系统头重脚轻；人们熟知的、与人们关系密切的动物、植物似乎变得不那么重要了。

科学在发展，认知在进步，生物分类学也会不断随之演化。希望在未来，人们能够弥补那些不足和遗憾，说不定你也会为此贡献自己的力量呢。

生物都是“亲戚”

科学家对各种生物——从病毒、细菌到各种植物、动物和人进行大规模基因序列检测，发现它们之间或多或少都有相似基因，而且不同物种之间基因的相似性远比我们预计的要高得多。在动物、植物、微生物的基因组间存在大量的同源基因，也就是说，很多基因都不是动物、植物和微生物所特有的，而是共有的。例如，人类和黑猩猩的基因有高达 98.77% 是相似的，和猕猴的基因有约 93% 相似，和小鼠的基因超过 80% 相似，和鸡的基因约有 60% 相似，和果蝇的基因有 61% 左右相似。人类的基因中甚至约有 60% 在香蕉中能找到对应的基因，在人和酵母菌中还能找到约 26% 的相似基因。你没想到吧？你的“亲戚”竟然这么多！

《基因组生物学》杂志网络版曾报告一项研究成果：人类基因组中有 145 种基因是源自更简单的生物体的基因。研究人员认为，基因转移不仅限于微生物之间，同时也在许多动物，甚至可能是所有动物的进化中起到了重要作用。

人类与多种生物具有相似基因。

现代科学研究证明，地球上的生命都是由最原始的生物经历近40亿年的进化、分化、融合、演化发展出来的。生物演化过程中，不仅有基因的融合，还有细胞的融合。包括人类在内的真核生物，其细胞是由原始古核细胞吞入细菌共生演化而来的。人们通过对动物、植物细胞中的基因进行分析发现，细

胞中的线粒体是12亿～13亿年前一种细菌侵入原始古核细胞，在其中生存下来，并与宿主细胞融合而逐渐形成的。线粒体保留了古菌的基因，成为专为细胞供应能量的重要细胞器。

植物细胞中的叶绿体也经历了类似的演化过程，古核生物细胞吞噬了原始的蓝细菌，蓝细菌通过光合作用为宿主细胞提供营养物质，而宿主细胞为其提供生存条件。蓝细菌的原有结构和功能逐渐退化消失，蓝细菌最终演化为古核生物细胞内的一种细胞器——叶绿体，还保留了自己的基因，专门行使光合自养功能。

按照进化论，现在所有生物都是由几十亿年前的那些单细胞生物演化而来的。因此，在同一个祖先的后代中找到相似基因和对应的特征并不奇怪，正是这些相似基因帮助我们顽强地活到了今天。单从这一点讲，你也应该善待周围无数的“亲戚”们。

微生物大世界

- 认识微生物
- 微生物能做什么
- 无处不在的微生物
- 重要的内生菌
- 神通广大的真菌

说起微生物，你会想到什么？细菌还是病毒？微生物的大家族里包括细菌、病毒、真菌、藻类等。它们虽然微小，但本领却极大，要是没有它们，地球将会成为可怕的地狱！

认识微生物

微生物就是用肉眼难以观察到的微小生物的统称，包括你害怕的细菌和病毒。除了细菌和病毒外，还有你可能没听说过的放线菌、酵母菌、立克次氏体、支原体、衣原体、螺旋体等。在细胞结构上基本与细菌类似的一些藻类，如绿藻、红藻、褐藻等也属于微生物。许多微生物我们只能用显微镜才能看见，而有些微生物用肉眼就可以看见，如属于真菌的霉菌，也就是你吃剩下的馒头放久了发霉长出的黑毛、绿毛、黄毛，

霍乱弧菌　　霉菌　　蘑菇

还有更大的蘑菇、木耳等。

微生物这么小，是如何被发现的呢？这要归功于荷兰显微镜学家、微生物学的开拓者安东尼·列文虎克。

1674 年，列文虎克开始观察细菌和原生动物，即他所谓的“非常微小的动物”，还测算了它们的大小。1702 年，他在细心观察了轮虫以后，指出在所有露天积水中都可以找到微生物。

列文虎克是第一个用放大透镜看到细菌和原生动物的人，对 18 世纪和 19 世纪初期细菌学和原生动物学研究的发展起到了奠基作用。他根据用简易“显微镜”所看到的微生物而绘制的图像，在今天看来依然是准确的。

荷兰微生物学家安东尼·列文虎克

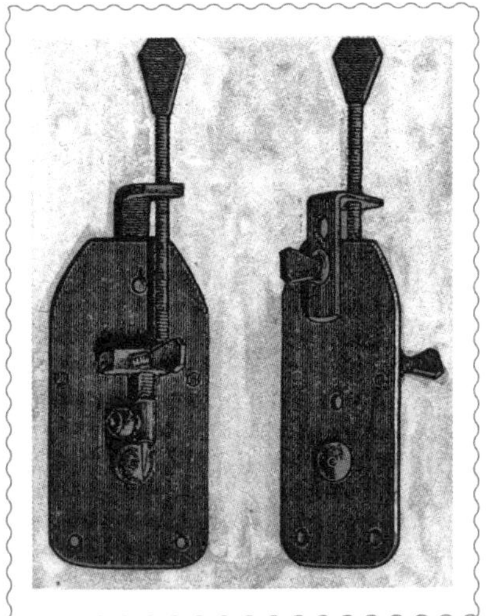

列文虎克自制的简易“显微镜”

自列文虎克用自制的“显微镜”首先观察到微生物开始，300多年过去了，到目前为止，人们依然无法知道世界上共有多少种微生物。现在科学家发现、命名、有记载的微生物大约有20万种，随着分离、培养技术的改进和研究工作的深入，新的微生物还在不断被发现，这个数字还在急剧增长。据推测，人们现在已经发现的微生物种类大概不超过自然界中微生物总数的10%。

科学家在研究中还发现，我们身边虽然有大量各种各样的微生物，但是和我们有关系的不到总数的2%，其中不到1%的微生物是我们的“朋友”——有益微生物，还有不到1%的微生物是我们的“敌人”——有害微生物。也就是说，你身边各种微生物虽然很多，但是大部分与你无关。

微生物能做什么

微生物数量多，本领强，是我们这个世界的物质供应链和食物链的真正维护者及保持者。它们个头儿小，几乎可以“无孔不入”；它们本领大，破坏能力强；它们“六亲不认”，几乎没有它们干不掉的动物和植物。

这个世界上存在大量的各种各样的能够让动物、植物生病或死亡的微生物，包括最小的病毒、细菌等。那些动物、植物中的“老”“弱”“病”“残”，本来生存能力就不强，就更容易被致病微生物侵染，之后生病、死亡。微生物以此使地球上形成强者生、弱者亡的局面，使得存在于地球上的动物、植物数量受到控制，质量也得到保障。

更关键的是，微生物具有使死掉的动物、植物迅速腐烂、分解，释放大量的简单有机物和无机物的巨大能力。由于微生物的存在，地球上几亿年来从来没有出现过动物、植物尸横遍野的局面。这都是微生物的功劳。

不仅如此，动物、植物遗体被微生物分解后，释放的大量水分、有机物和无机物是植物生长所必需的物质，因此植物可以继续生长，食草动物有了食物就可以繁衍，食肉动物有了食物可以很好地生存，不至于灭绝。微生物使得地球的物质供应进入循环状态，使得食物链不会断裂，地球才有了繁盛的生物世界。

你能够在这个世界生存，是不是还要感谢微生物呢？

生态系统由消费者、生产者、分解者构成。

无处不在的微生物

你如果觉得微生物那么小，肯定柔弱得很，杀死它们不会太难，那就大错特错了。

别忘了，最原始的生命诞生于极端严酷的环境中，刚刚诞生的地球没有氧气，高温、低温、干旱、高压、低压、高盐、高碱、高酸、高辐射的环境随处可见，原始生命必须适应这样的环境才可能生存、繁衍。当今的地球有些地方依然还存在这样的极端环境，生存在那里的微生物经过亿万年的进化和适应，产生了各种神奇的特性，如嗜热、嗜冷、嗜酸、嗜碱、嗜盐、嗜压、抗辐射、耐干燥、低营养和极端厌氧等。

极地、冰川、高山冷吧？那里的气温在零下40摄氏度以下，但那里生存着大量的嗜冷菌和耐冷菌。美国宾夕法尼亚州立大学的科学家就复苏了格陵兰冰川下方大约3000米冰层中，沉睡了大约12万年的细菌。科学家还从南极东方湖深3593米处左右的冰芯中，分离到大约42万年前的活细菌。

有不怕冷的，还有不怕热的。1879 年，科学家从法国塞纳河中分离到在 70 摄氏度的条件下可生长的杆菌。1969 年，科学家从美国黄石国家公园热泉中分离到嗜热菌，由此掀起了嗜热菌研究热潮。之后人们从陆地和海底热泉等高温环境中分离到许多新的嗜热菌，已发现的嗜热菌大约有 70 个属，140 个种。德国科学家在海底发现一族古菌，它能生活在 110 摄氏度以上的高温中，最适生长温度为 98 摄氏度，温度降至 84 摄氏度就停止生长了。

还有的细菌不怕酸。在美国加利福尼亚州，人们在一个金矿流出的有毒液体中发现了嗜酸铁浆菌，它能够在酸性极高（pH 为 0。pH 值是表示水溶液酸碱性的一种标度，常称为 pH。中性水溶液的 pH=7，酸性水溶液的 pH ＜ 7，碱性水溶液的 pH ＞ 7。）的环境下生存。还有一种嗜硫酸杆菌可在 10% 的硫酸溶液中生存，它不怕硫酸，因为它是吃硫黄、产硫酸的细菌。

我们地球上的微生物就是这样神奇，它们可以应对各种各样的极端环境，更不要说普通环境了。

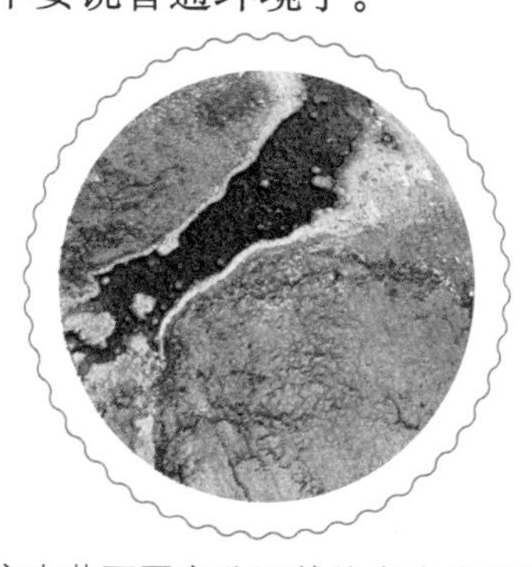

科学家在黄石国家公园的热泉中发现嗜热菌。

重要的内生菌

科学家发现在动物、植物体内外都存在大量的微生物，有些就生活在健康动物、植物的各种组织和器官的细胞间隙，有的甚至生活在细胞内。这些微生物不会使动物、植物生病，反而有助于动物、植物生存，人们将这些微生物称为内生菌，包括细菌、真菌和放线菌等。

有些内生菌可以人工培养，有些目前还不能。你可能要问了，人们是怎样发现那些不能被培养的内生菌的呢？也很简单，将动物、植物组织破坏，除去动物、植物细胞，然后将其放在固体培养基上培养，长出来的内生菌就是可培养的。同时再进行基因测定，将测得的基因序列与基因序列数据库里面的数据进行比对，就很容易知道含有多少种内生菌，除去那些可培养的，剩下的那些就是不可培养的内生菌。

现在的研究证明，内生菌可以保持宿主体内菌群平衡，预防病害，促进宿主的生长发育，提高宿主的抗病、抗虫能力，

增强宿主的抗逆性，甚至可以为宿主提供营养物。事实上，内生菌已经成为动物、植物生存发育必需的菌群。

通过对内生菌的深入研究，人们发现，有些内生菌能够产生抗菌、抗虫、抗逆的物质，将这样的内生菌大量培养，制成菌剂，可用于农作物防病治病、防虫治虫和抗逆。施用内生菌制剂替代化学农药进行生物防治，不仅可增强农作物的抗逆性，保证农作物的产量和品质，还可减少化学农药对环境的污染。以内生菌为受体构建植物内生防病或杀虫工程菌，用于农作物，可以达到防病、杀虫的目的，如用苏云金杆菌的杀虫蛋白基因构建内生杀虫工程菌，美国从1988年开始，在4个州12个玉米杂交品种上进行大田试验，此法可使虫害损失率减轻26%～72%。

科学家发现有些内生菌代谢产物，如紫杉醇、抗菌肽、两性霉素等，具有抗肿瘤、抗菌、抗病毒等作用。因此，内生菌又成为新药开发的重要生物资源。

目前内生菌已成为微生物学研究的重要对象。

神通广大的真菌

真菌是一个古老生物类群，具有真正的细胞核，能产生孢子，没有叶绿素。真菌种属很多，是微生物中最大的家族。真菌与人类生活关系非常密切，你吃的蘑菇、银耳、黑木耳等都是真菌。气候潮湿时，衣物、家具会长“白毛”，水果、蔬菜等会腐烂变质，许多人患有脚气、头癣等，也都是由真菌造成的。

真菌有着十分广泛而重要的作用。利用真菌可生产多种抗生素，比如著名的青霉素。你知道青霉素是如何被发现和使用的吗？

英国细菌学家亚历山大·弗莱明在实验室。

1928年9月的一天早晨，在英国伦敦大学圣玛丽医学院担任细菌学讲师的亚历山大·弗莱明，像往常一样来到实验室。他在检查培养金黄色葡萄球菌的培养皿时，发现一个培养皿上长出一个蓝绿色大菌斑，其周围的金黄色葡萄球菌菌斑变小，甚至有的消失了。他想弄明白为什么会出现这种现象，于是先分离了蓝绿色大菌斑，确认它是一种青霉菌，就是馒头、水果放久后长出的那种蓝绿色的“毛毛菌”。他将分离出的青霉菌单独培养，然后通过实验发现，青霉菌培养液不仅能杀死金黄色葡萄球菌，还可以杀死白喉菌、肺炎菌、链球菌、炭疽菌，但是对伤寒菌和大肠杆菌却无效。显然，在青霉菌培养液中有一种能够杀死有害细菌的物质，既然这种物质由青霉菌产生，弗莱明便称它为“青霉素”。

后来，又经过科学家的一系列研究开发，青霉素被用于救治病人，在第二次世界大战中发挥了重要作用。青霉素一时成为家喻户晓的比黄金还要贵重的救命药物。

除了在医学中，真菌在传统酿造和食品工业中也发挥了重要作用。如中国有一种特有的酱豆腐是由红曲霉发酵产生的；臭豆腐、腐乳是由根霉发酵制成的；你家做饭离不开的酱油、酱等是由黑曲霉发酵生产的；饮料中的各种添加剂也多是利用真菌、细菌等微生物或这些微生物生产出的酶来加工制造的，如柠檬酸是以薯粉为原料，以黑曲霉为发酵菌，在通入无菌空气的发酵罐内进行培养发酵生产的。

黑曲霉是食品工业中重要的发酵菌。

制作馒头和面包都离不开酵母菌，它可以使馒头、面包松软香甜，富有营养。在过去没有酵母粉的时候，人们把和好的面放到温暖的地方进行自然发酵，不仅发酵时间长，而且做出的馒头味道也不太好。后来人们发现将发酵好的面留下一些，在下一次发面时加到面里，可以使发酵时间变短，馒头味道也会改进。于是人们每次发面时都留下一些发酵好的面，称为“老面引子”，用于下一次发面。经过长时间的优化，“老面引子”里面的酵母菌越来越多、越来越纯，而杂菌失去竞争优势

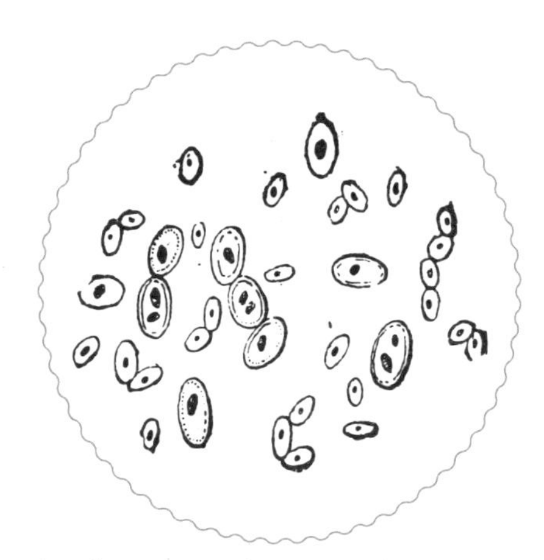

酵母菌可用于制作馒头、面包、酒类等。

而越来越少，制作出的馒头、面包质量和味道都越来越好。现在人们单独培养用于制作馒头、面包的酵母菌，然后制成干酵母粉，方便使用，大大节省了时间。

不光是面食，白酒、啤酒、果酒、料酒等酒类，都是由酵母菌将不同原材料中的葡萄糖发酵分解而生产的。

酵母菌还可被用于化工工业，如乙醇，也就是酒精，现在都是利用微生物生产的各种酶，处理含有淀粉的薯类、玉米等原料，形成葡萄糖，然后用酵母菌发酵，进行大规模生产。

"恋恋不舍"的细菌

- 善待『密友』
- 离不开的『密友』
- 大肠杆菌
- 细菌伙伴在哪里
- 你是『你』吗
- 什么是细菌

你是不是会认为："我没有病，很健康，我的身体怎么会带有细菌呢？"我的回答是："你没有病，很健康，说明体内有害细菌少，但不等于你体内没有细菌。"有些细菌是你身体必不可少的"亲密伙伴"。

什么是细菌

在认识了微生物大家族之后，我们来聊聊细菌那些事儿。

细菌是生物圈内广泛存在的单细胞原核生物，也就是说细菌都是只由一个细胞构成的。细菌是无色半透明的微小个体，直径只有千分之一毫米左右。土壤、空气、水中到处都有细菌，各种动物、植物体内或体表也都共生、寄生或附生着细菌。细菌的生存条件多种多样，对营养的需求差别很大，有的只需要一些无机盐便可正常生长，有的则需要某些有机物才能生存，有的甚至只能在活体内生存。

细菌的数量和种类非常多。广义的细菌包括放线菌、支原体、立克次氏体、衣原体和螺旋体。后来人们还把可进行光合作用的蓝藻也包括在细菌内，称为蓝细菌。细菌主要有球状、杆状和螺旋状三种形状，分别叫球菌、杆菌、弧菌和螺菌。细菌的形状一般是稳定的，但少数种类会“变身”，如有的球状菌可变成杆状菌。

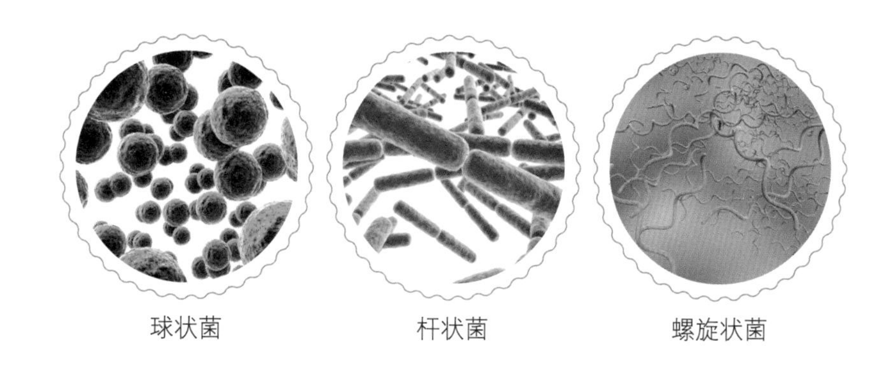

球状菌　　杆状菌　　螺旋状菌

荷兰科学家列文虎克是世界上第一个用放大透镜看到细菌和原生动物的人，也是微生物学的开拓者。而第一个猎获病菌的人是一位名叫罗伯特·科赫的德国细菌学家，从此人们一说到细菌就往往想起疾病。你是不是也是这样，对细菌总怀有一种厌恶和恐惧感？其实，危害你的细菌只是一小部分，绝大多数细菌对你无害，如人体口腔、鼻腔都有细菌存在，但它们并不致病；有的细菌，如肠道菌群有利于维持人体健康；还有的细菌，如乳酸菌，能被广泛应用于食品加工等工业。

你是“你”吗

如果你觉得自己很健康，身体里不会有细菌，那我要告诉你，你错了，这只能说明你体内的有害细菌少，可不等于你体内没有细菌。科学家经过多年深入研究发现，一个健康的成年人体内、体外携带的微生物少者0.9千克，多者1.4千克，平均1.271千克，主要是细菌。

一个成年人的身体由400万亿~600万亿个细胞组成。人有各种器官，构成每种器官的细胞大小、功能不同，种类有260多种。而在人体内的细菌，其数量是人体细胞数量的9~10倍，其细胞种类是人体细胞种类的5~6倍。不论是在数量上还是细胞种类上，人体携带的细菌都远远超过人体的细胞。2015年，一位英国科学家提出“人是‘人’吗”的问题，他的回答很简单：“人根本就不是‘人’，人是人和细菌构成的复合体。”

你一定很好奇：这些细菌是什么时候、怎样进入你的身体的呢？你在母亲子宫内发育时，一切营养都是母亲通过胎盘来供给的。你的肺是不工作的，也不能工作，肺一旦工作，吸入羊水就麻烦了。但是，你一出生，离开了母亲，母亲的供给就停止了，你的肺必须马上开始工作——呼吸；如果肺不工作，就会缺氧，首先会造成脑细胞死亡，直接威胁你的生命。

婴儿一离开母亲的身体，几乎都会“哇”的一声大哭；如果不哭，接生大夫就会在婴儿的小屁股上打一下，让婴儿哭出声来。实际上，每一个人的生命和人生都是在哭声中开始的。就是通过这一声哭，人把空气吸入了肺，有了氧气，生命才可以继续。同时，这一声哭也使人将空气中的细菌吸入体内，细菌进入肺和肠道，并开始大量繁殖。出生 24 小时后，婴儿粪便中可检测到数亿大肠杆菌；3 天后，其他种类的细菌开始定居，消耗氧气，产生酸性物质；第 4 天，双歧杆菌出现；第 8 天，双歧杆菌在肠道中占据绝对优势。从此，各种细菌开始与你共生合作，你活多久它们就活多久，细菌成为每个人的终生伙伴。

细菌伙伴在哪里

我们身体所有的与外界接触或相通的器官里都有大量细菌，其中消化道里的细菌最多，达 900～1000 克。人每天清晨起床上厕所排一次大便，其中就有 40% 多的细菌，你想想，肠道中的细菌得有多少啊！

人体带有的细菌不仅数量多，种类也很多，对于健康的成年人来说，大约有上千种，粗略分类可分为有益菌群、中性菌群和有害菌群。不过你放心，它们中有益菌群占 98% 左右，而中性菌群和有害菌群各占不到 1%。有益菌群中最主要、数量最多的是见氧气就死的双歧杆菌和乳酸杆菌。有害菌群大多数都是致病菌，如痢疾杆菌、霍乱弧菌。它们虽然数量少，但是一旦大量繁殖，就会导致人生病。有害菌群一般都是“临时户”，你的身体正常时，它们就会被抑制，甚至被排出体外。而中性菌群则是长居的“永久户”，最有代表性的是大肠杆菌。

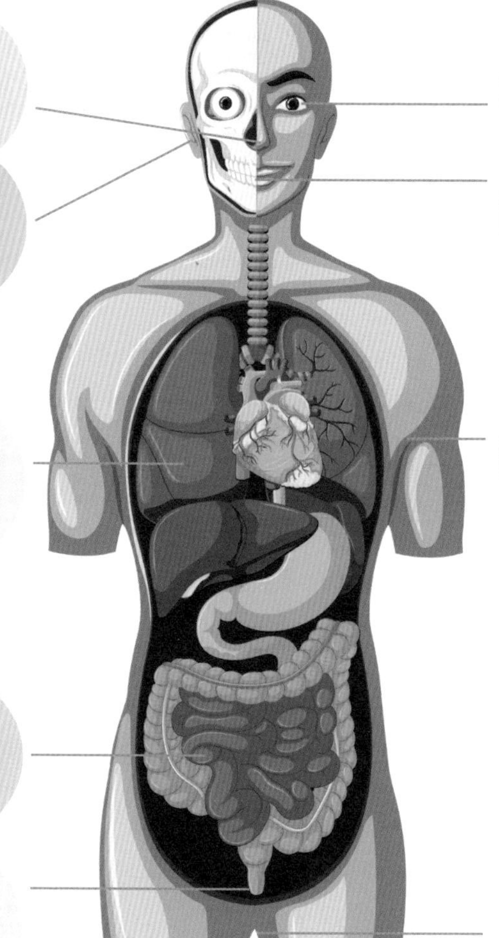

人体不同部位带有的细菌示意图

大肠杆菌

大肠杆菌的学名为“大肠埃希菌”，在人体中主要寄生在大肠内，约占肠道菌群的 1%，是你肠道中的“常驻居民”。

大肠杆菌是个“两面派”，在有益菌群较多时，它们可以跟着做些好事；但是当有害菌群多时，它们也会跟着做坏事。好的时候，它们能抑制肠道内分解蛋白质的微生物生长，减少蛋白质分解产物对人体的危害，还能合成维生素 B 和维生素 K 供人体使用。正常肠道环境下它们很能干。而坏的时候，它们会让人生病，如因为外界原因，它们从肠道跑到了胆囊或膀胱中，可能会引起炎症；它们可能会不小心侵入大面积烧伤的人的血液，引起败血症。但这些现象都是在非常极端的情况下才会出现的。

人们一拉肚子，总是容易怪罪大肠杆菌，其实这很有可能是由于肠道菌群失调了。肠道菌群失调通常是因为肠道中的常驻菌比例下降，也就是大肠杆菌、双歧杆菌、粪链球菌等细菌数量所占肠道菌群总量的比例降低，而外来病菌数量增多，这时你的肠胃就会变得“不和谐”，从而出现腹泻。

你可能会问：“既然大肠杆菌不是‘坏蛋’，为什么新闻上动不动就说‘检查某食品发现大肠杆菌超标’？”

其实检查食品中的大肠杆菌，并不是要防备大肠杆菌，而是因为大肠杆菌在粪便里最多，容易检查。粪便里除了大肠杆菌外，还含有大量的有害细菌，如霍乱弧菌、伤寒杆菌，很多传染性疾病都能通过粪便传播，所以人们用检查大肠杆菌是否超标的方法来判断食品、餐具以及环境等是否被粪便污染，主要是防备那些有害细菌。

大肠杆菌的家族中有 150 多位成员，其中约 90% 是对人体有帮助的，只有极少一部分可引起疾病。只要注意食品、饮水卫生，加强检疫工作，有害大肠杆菌肆虐的概率微乎其微。

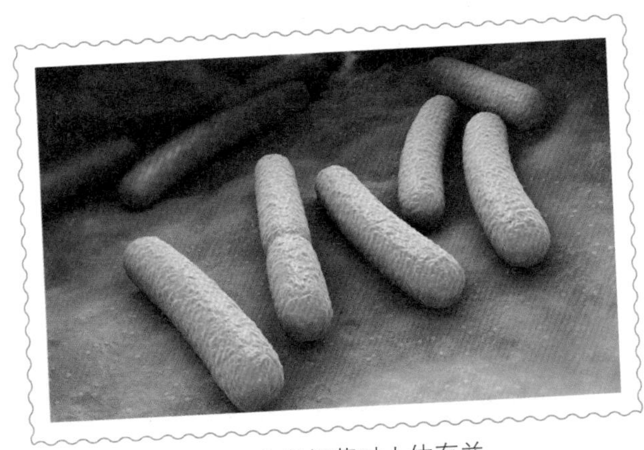

大部分大肠杆菌对人体有益。

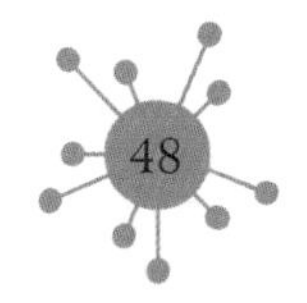

离不开的“密友”

有益菌群是你生命中的“密友”，是在生物进化过程中与人类共同适应选择形成的，它们不仅与你共生共存，更重要的是为你的健康，甚至生命做出了巨大贡献。

你每顿饭吃进的食物，虽然经过牙齿咀嚼粉碎，胃的揉搓、消化，还是不可能将全部的营养释放出来，这就需要有益菌来帮忙。它们会分泌各种消化酶，帮助肠胃消化食物，使食物的营养尽可能地释放完全，满足你身体的需要。有益菌可以嵌合在肠壁组织，能够刺激肠道蠕动，维持肠道正常运动和健康。更重要的是，有益菌能够制造食物中缺少又是人体必需的营养物，如 B 族维生素、维生素 K 和泛醌、叶酸、烟酸、各种氨基酸等。它们还能够产生乳酸、醋酸等酸性物质，使肠道 pH 降低，有利于食物中的钙、铁和维生素 D 被人体吸收。有益菌做的都是你自身难以完成的事情。

寄居在器官中的各种有益菌，很多是嵌合在器官表层，因

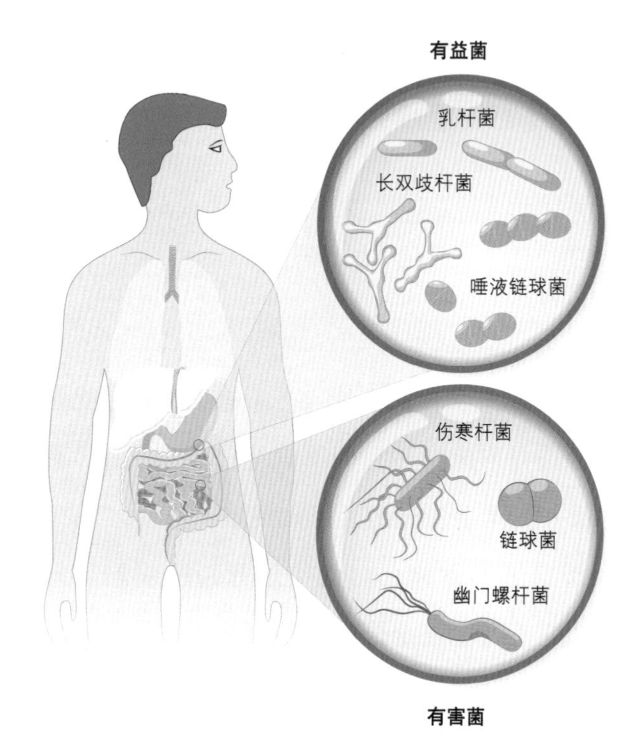

人体肠胃中的有益菌和有害菌

为微观的器官表层并不平整，而是凹凸不平的，这为有益菌的寄居创造了良好的条件。于是有益菌可以在器官表面形成比较紧密的薄层，阻挡有害菌入侵，保护你的健康。

人体的免疫系统就是一道保护健康的防护墙，但是也需要维护和支持，有益菌就可以起到这种作用。它们是怎样做到的呢？有些有益菌自身具有可作为抗原的结构物，如肽聚糖、脂

磷壁酸等，可直接发挥免疫激活作用，或者通过自分泌免疫激活剂，刺激人的免疫系统，从而提高人体免疫力，增强机体固有免疫细胞活性。有益菌可以激活树突状细胞，刺激机体产生细胞因子，并刺激 B 细胞分泌抗体。有益菌还可以刺激肠道产生分泌性球蛋白 A，提高机体免疫力，抑制、消除有害病原体，保护人体健康。

有益菌还具有清除有害物质的能力。因为机体在运转、代谢过程中会产生一些有毒和有害的物质，如各种过氧化物、吲哚、硫化氢、粪臭素、酚氨、尸胺、亚硝胺素等，这些有害物质如果不能被及时清除，会对人体器官、组织和细胞造成伤害，使之衰老，甚至生病、癌化。多亏有益菌，这些有害物质能够及时被清除，防止人体发生癌变，减缓人体的衰老过程。有益菌会帮助改善脂肪类、糖类、蛋白质的代谢过程，有利于降低血脂，降低患糖尿病及其诱发疾病的风险。

在中西药物研究开发中，研究人员发现，有些药物或化合物在体外试验时药效差或无效，但是在进行动物试验或人体试验时却有效。人们百思不得其解，后来发现如果将从动物或人体内分离的有益菌群用来处理药物，药物成分会发生变化，药效也会改变，甚至从无效变有效。在医疗实践中，人们也发现同一药物给病情相似的不同患者服用，治疗效果往往存在差异。追根求源发现，这是患者的肠道菌群不同造成的。

更神奇的是，最近科学家扩展了研究范围，发现大脑和肠道及肠道菌群还可以相互影响，人们称之为肠－脑轴系统。肠、脑两者互相以荷尔蒙和神经讯息的形式进行沟通，共同调节了人的情绪反应、新陈代谢、免疫系统、大脑发育与健康。进一步研究发现，肠道菌群出现问题，会诱发分心、健忘、焦虑、忧郁、嗜睡、失眠、暴食、失智、自闭、肥胖、气喘、过敏、便秘、腹泻、肠躁症、胃食道逆流、帕金森病、阿尔茨海默病、自体免疫疾病、功能性肠胃疾病等 20 多种疾病。

怎么样，你的“密友”是不是太厉害了？你可千万要和它们好好相处。

细菌名片

乳酸杆菌

拉丁学名：*Lactobacterium karass*

分　　类：乳杆菌目乳杆菌科乳杆菌属

特　　点：革兰氏阳性菌，厌氧

分　　布：广泛分布于自然界

善待“密友”

如果体内菌群失调，会怎样呢？科学家经多年研究发现，体内菌群失调会引发 14 种疾病，有些直接威胁到人的生命。

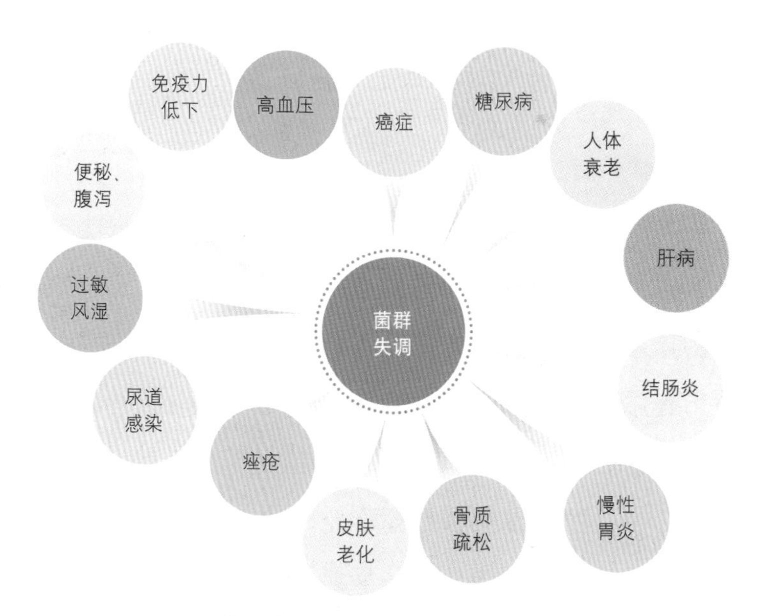

菌群失调会造成人体各种疾患。

人体菌群会随着年龄的增加而变化，有的细菌数量会随着年龄增长而减少，而有些细菌数量会随着年龄增长而增加。由于每种细菌发挥的作用不同，细菌数量的变化必然会引起身体状况变化。那么如何保持有益菌群的完整、兴旺，保持身体健康呢？

首先，你要做到科学合理饮食。因为有益菌群的每一种细菌都要"吃饭"，需要一些特殊的营养。可以常吃一些既对身体有利又是有益菌群所需的食物，如富含可溶性纤维（又称膳食纤维）和寡糖的粗粮、蔬菜、水果等食物，像麦麸、麦片、豆类、玉米、薯类、辣椒、洋葱、笋类、蘑菇、木耳、枣、苹果、梨、香蕉等。这些食物不仅能够促进有益菌增殖，还有利于维持菌群平衡。

其次，你要谨记，一定要慎用抗生素。抗生素能抑制和杀灭致病菌，但同时也会危及有益菌群的生存，因此不能乱用。在有益菌遭到破坏的情况下，可以服用活的有益菌制品来补充有益菌。但别忘记多数有益菌是见不得氧的绝对厌氧菌，即使被培养时是活菌，但在人们生产、加工、储存、运输、服用等过程中难免会暴露在空气中，一旦死掉就难以发挥作用了。可行的办法是喝些酸奶，最好是用保加利亚乳杆菌和嗜热链球菌发酵产生的酸奶，这两种细菌都是肠道中的

有益菌。而那些经过消毒可以保存 20 天以上的酸奶和酸奶饮料，你想想看，还有活的有益菌吗？

最后，保持良好的心态很重要。精神过分紧张、抑郁和身心疲惫都不利于有益菌群的生存，而且也不利于自身健康。俗话说“笑一笑，十年少”，精神愉悦的人往往更长寿。

善待你的“密友”，你才能有好身体。

细菌名片

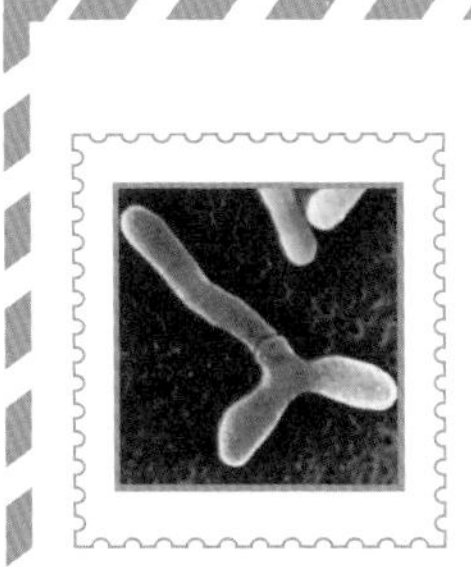

双歧杆菌

拉丁学名：*Bifidobacterium orla-jensen*

分　　类：双歧杆菌目双歧杆菌科双歧杆菌属

特　　点：革兰氏阳性菌，具有营养作用

分　　布：人和动物的消化道等处

可怕的细菌

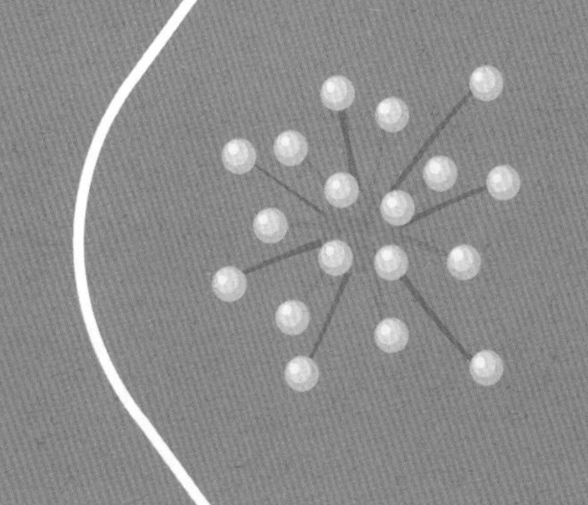

· 『杀手』结核病
· 令人警醒的霍乱
· 恐怖的鼠疫
· 细菌如何让你生病

你的身边存在着大量各种各样的细菌，但是和你有关系的不到2%，其中不到1%的细菌是有害菌。别看有害菌很少，它们给人类带来的灾难可不能小觑，现在我们就来说说这些“坏蛋”。

细菌如何让你生病

那些有害的细菌为什么会使人生病呢？是因为它们能产生致病物质，造成人体器官和组织损伤。这种致病物质包括两种类型，一种本身就有毒，一种具有侵袭力，它们都能直接破坏人的机体结构和功能。具有侵袭力的致病物质本身无毒性，但能突破机体的生理防御屏障，可使细菌在机体内生存下来，并繁殖和扩散。如果把毒素当作“元凶”，那侵袭力就是“帮凶”。

依据细胞壁结构的不同，细菌可被分为革兰氏阳性和革兰氏阴性两类。对于细菌的毒素来说，根据其性质、作用方式和产生菌的不同，毒素被分为外毒素和内毒素两种。

外毒素是细菌在代谢过程中分泌到菌体细胞外的物质。产生外毒素的细菌主要是一些革兰氏阳性菌，如金黄色葡萄球菌、白喉杆菌、破伤风杆菌等。少数革兰氏阴性菌，如霍乱弧菌和产毒性大肠杆菌等也能产生外毒素。外毒素的毒性很强，如纯化的肉毒杆菌外毒素，1 毫克可以杀死 2000 万只小鼠，对

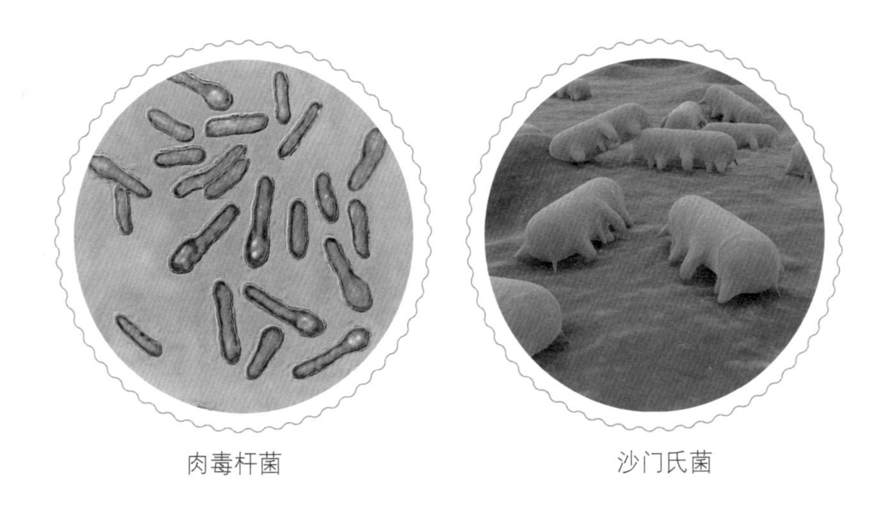
肉毒杆菌　　沙门氏菌

人的最小致死量仅为0.1微克，其毒性比氰化钾强1万倍。细菌产生的外毒素对组织的毒性作用具有高度的选择性，各自引起特殊的临床症状。

内毒素是革兰氏阴性菌细胞壁的组成成分，它在细菌活着时不能释放出来，当细菌死亡后细胞壁溶解或用人工方法破坏菌体时才释放出来。内毒素的性质较稳定、耐热，毒性比外毒素低，其作用没有组织器官选择性，不同细菌所产生的内毒素引起的症状大致相同，都会出现机体体温升高、腹泻、出血性休克以及其他组织损伤现象，如沙门氏菌。

20世纪40年代青霉素刚问世的时候，医生发现用大剂量青霉素治疗重症脑膜炎患者时，不少患者出现了内毒素休克而

死亡的现象。后来人们才知道，原来是由于病情严重的患者体内存在的细菌数量多，医生采用大剂量青霉素“轰炸”，意欲“一举歼敌”，却忽略了另一方面，即流行性脑膜炎的病原体是属革兰氏阴性菌的脑膜炎奈瑟菌，其致病物质是内毒素，而内毒素是在病菌死亡后再释放的，如果用大剂量青霉素一下子将全部病菌杀死，也就是使大量内毒素一次性释放，促成了内毒素休克，从而加速了患者的死亡。

每个人在一生中可能受到150种以上的病原体感染，但机体是否发病，一方面与自身免疫力有关，另一方面也取决于病原体致病性的强弱和数量的多少。一般入侵的病原体越多越可能致病；少数病原体致病性很强，只微量即可致病，如引起鼠疫、破伤风等疾病的细菌。

细菌名片

金黄色葡萄球菌

拉丁学名：*Staphylococcus aureus rosenbach*

分　　类：芽孢杆菌目葡萄球菌科葡萄球菌属

属　　性：革兰氏阳性菌，耐高温

分　　布：人和动物的皮肤、鼻腔等处

恐怖的鼠疫

鼠疫的致病菌鼠疫杆菌是革兰氏阴性菌，能产生内毒素、外毒素和鼠毒素。鼠疫患者的临床表现为发热、肺炎、出血等，病死率极高。由于患者临终前皮肤常呈黑紫色，因此鼠疫又称为黑死病。鼠疫通过跳蚤传给人，并能通过飞沫传播，在人类历史上造成了严重的伤亡。公元541年，鼠疫暴发于埃及，后来造成雅典大瘟疫，导致近1/2人口死亡，整个雅典几乎被摧毁。之后鼠疫迅速蔓延至拜占庭帝国、西欧与不列颠等，造成约2500万人死亡，使当时整个地中海贸易衰退，许多昔日王国势力消失，改写了整个欧洲的历史。

鼠疫也曾在中国华南暴发，当时法国微生物学家路易斯·巴斯德派他的助手亚历山大·耶尔森，到中国香港采集并分离瘟疫病菌。耶尔森在一个刚刚死去的水手身上提取了一些液体。然后，他在显微镜下观察了这个液体取样，并把它接种到豚鼠身上，又把剩下的液体样本寄回巴黎巴斯德研究院。

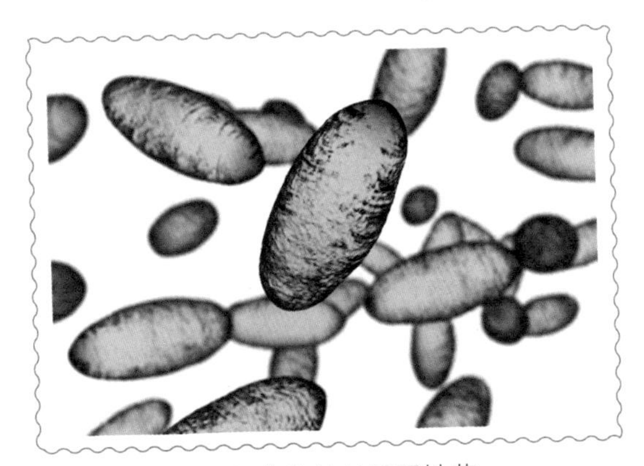

鼠疫杆菌为革兰氏阴性菌。

1894 年 6 月 24 日，耶尔森写信给巴斯德，称发现瘟疫的致病菌为杆状菌，在革兰氏测试中呈阴性。几天后，接种病菌的豚鼠都死了，耶尔森在它们身上分离出了同样的细菌。他还在医院和走廊里的死老鼠身上发现了同样的细菌，由此他判断这种细菌可以同时感染人类和鼠类。因为耶尔森是鼠疫杆菌的发现者之一，所以鼠疫杆菌的学名“鼠疫耶尔森菌”是以耶尔森的名字命名的。

之后，巴斯德派遣助手保罗 – 路易斯 · 西蒙德到越南和印度做耶尔森的后续工作。西蒙德发现一所羊毛加工厂的车间里不仅有死老鼠，而且在这个车间工作的 20 名劳工也死于瘟疫，而那些不在此车间工作也未与老鼠发生接触的劳工们则安然无恙。他怀疑这个车间死去的劳工和老鼠之间存在着某个媒介，

路易斯·巴斯德是近代微生物学的奠基人。

而这个媒介很可能就是跳蚤。为了证实这个推断，西蒙德设计了一个实验：他在一个罐子里放了一只身上带有跳蚤的病鼠，在它上方悬挂了一个铁丝笼子，里面放了一只健康的老鼠，尽管两只老鼠之间没有直接接触，健康的老鼠还是染病了；作为对照实验，他把身上清除了跳蚤的病鼠和一群健康的老鼠放在同一个罐子里，结果没有一只健康的老鼠得病；随后，当他把跳蚤放入罐子里后，健康的老鼠全部染病而死。这个实验证明，跳蚤的确是鼠疫的传播者。

人们掌握了引发鼠疫的致病菌和传染者，于是采取灭鼠、灭跳蚤和隔离措施，使得鼠疫的传播逐渐得到控制。

令人警醒的霍乱

霍乱是由霍乱弧菌感染造成的烈性肠道传染病，主要通过水源、食物、生物接触而传播，患者和带菌者为传染源。患者的典型临床症状是腹泻、呕吐和由此而引起的体液丢失、脱水、电解质紊乱、低钾综合征以及周身循环衰竭等，若不及时救治则病死率甚高。

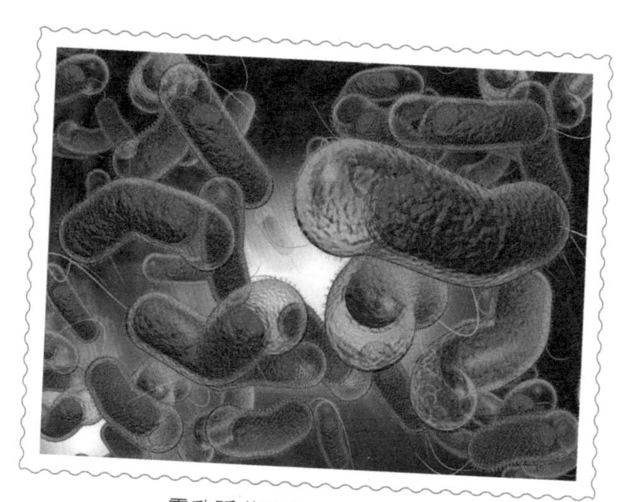

霍乱弧菌是革兰氏阴性菌。

由于霍乱起病急、传播快，对人们的社会生活、生产等都会产生巨大影响，因而它和鼠疫、黄热病一起，被世界卫生组织定为必须实施国际卫生检疫的三种传染病，在中国属法定管理的“甲类”传染病。

霍乱虽始发于气候炎热的印度，但可随带菌者的移动而波浪式地蔓延到气候较冷的一些地区，如俄罗斯、英国、德国及北欧等。到19世纪，交通越来越发达、城市人口越来越多、卫生条件恶劣等因素助推了霍乱的流行。自19世纪初开始，霍乱先后发生过7次世界大流行，无一不祸及中国。

第三次霍乱在欧洲流行时，英国流行病学家约翰·斯诺对霍乱流行进行了调查，发现在啤酒厂工作的工人们没有患霍乱，当时人们以为这与饮啤酒有关。斯诺分析，这是因为啤酒厂的工人们以酒代水，没喝被污染的水。当人们把怀疑受到污染的那口井封闭后，井附近的霍乱流行便消退了，后来这口井又被开启，在短短的10天里，方圆200多米内又出现了500多个霍乱致命的病例。斯诺又展开一系列调查，确认水源污染是霍乱传染的关键。

英国由此开展了清洁水源运动。英国于1848年开始推行公共卫生法案，一些地方开始修建下水管道系统。英国推行了许多健康立法和严格的公共卫生政策，开拓了卫生管理工作，

为不断发展科学的疾病预防工作奠定了基础，并为世界各国所效仿。

在霍乱第五次大流行时，法国科学家路易斯·巴斯德和德国科学家罗伯特·科赫开展了对霍乱的研究，发现除人以外，鸡、牛、羊等动物也有霍乱流行。巴斯德猜测霍乱与细菌有关。1881 年，他在动物霍乱研究中，发现霍乱有获得性免疫现象。他把发病的鸡体内的霍乱毒液经过几代动物体内的减毒培养后，再将其接种给健康的鸡，就可防治鸡霍乱。他采用同样的方法防治了山羊霍乱和牛霍乱。

罗伯特·科赫是病原细菌学的奠基人和开拓者。

1883 年，科赫发现了霍乱弧菌，并提出判断病原体的科赫法则，阐明了霍乱弧菌是通过食物传播，尤其是通过饮水传播的，这才捉住了霍乱的致病“元凶”。科赫的一系列工作，使他获得了 1905 年的诺贝尔生理学或医学奖。

1892 年，在威尼斯举行的国际会议上，人们为防治霍乱通过了《国际卫生公约》，之后不断修订、完善、补充。这个国际防疫规章对各国预防传染病运动产生了极大的积极影响。20 世纪初，传染病的死亡率明显降低，在很大程度上得益于《国际卫生公约》的实施。

人们在探索霍乱起因和传播途径的过程中，逐渐认识到科学处理垃圾、管理水源，养成良好的生活卫生习惯以及改进社会设施的重要性，甚至开始反思整个社会的治理。霍乱的流行从另一个角度促进了人类社会和现代文明的进步。

“杀手”结核病

结核病是一种历史久远的慢性传染病，也是威胁人类生命健康的主要“杀手”之一。结核病由结核分枝杆菌引起，可侵袭人体许多脏器，以肺部结核感染最为常见。

考古发现，在距今约 7000 年以前的石器时代，人类就已经有了结核病。原始人以狩猎为生，必然和各种动物接触，寄生

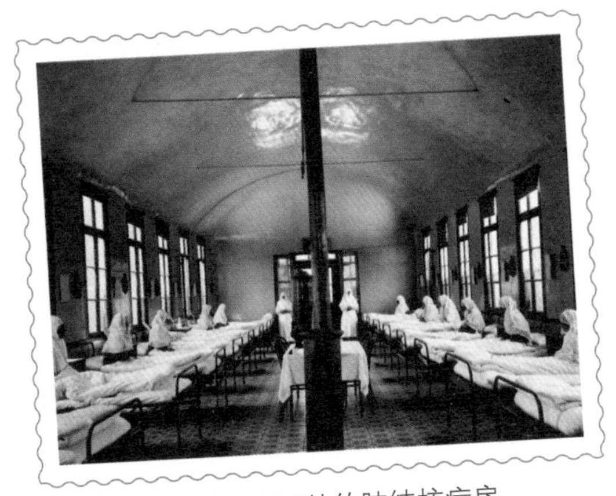

20 世纪土耳其的肺结核病房

于动物身上的细菌就可能传染给人，使人患病，包括结核病。

在 17、18 世纪欧洲工业革命时期，大量人口涌入城市，人口居住密集、食品匮乏和贫困等，造成结核病的广泛流行，许多杰出的人物，如肖邦、契诃夫、雪莱、席勒等，也不能幸免。在欧洲，结核病被称为“白色瘟疫”，当时记载约每 38 个死亡者中就有 1 人死于结核病。在中国结核病也广泛流行，约每 10 人中就有 2 人患病，且死亡率极高，结核病又被称为“痨病”，故有“十痨九死”的说法。

1882 年 3 月 24 日，德国细菌学家科赫在柏林生理学会上宣布，引起人体患结核病的是结核分枝杆菌。从此，人们逐渐明确了结核病的传染源和传播途径，在结核病的预防、早期发现、诊断、治疗、消毒、隔离及卫生宣教等方面有了新进展。

1921 年，法国细菌学家研发出卡介苗并将其应用于人体，虽然卡介苗并不能预防结核分枝杆菌对人的感染，但能够降低人感染后的发病率，减轻人感染后的病情。婴幼儿时期接种过卡介苗的人比没有接种过的同龄人发病率要减少 80%，卡介苗的保护力可维持 5～10 年。卡介苗应用至今已有近百年的历史，其有效性和安全性毋庸置疑。至今，卡介苗还在继续为人类对抗结核病发挥作用。

20 世纪 40 年代，美国科学家发现了第二种抗生素——链

霉素，它对结核分枝杆菌有特效。抗结核病药物链霉素开始应用于临床，结核病的治疗进入了现代化学疗法的阶段。此后，利福平、乙胺丁醇等药物的相继问世，更令全球肺结核患者的数量大幅减少。1952 年异烟肼的问世，使化学药物预防结核病获得成功。

随着各种预防和治疗药物的问世和不断普及，结核病控制措施不断完善，结核病的流行状况发生了显著的变化，呈加速下降趋势。但是好景不长，20 世纪末，全球结核病疫情回升。不科学用药致使结核分枝杆菌发生基因突变，产生耐药性和抗药性。1993～1996 年，全世界结核病病例增加了 13%。死于结核病的人数比死于疟疾和艾滋病的人数总和还多，结核病已成为传染病中的第一“杀手”。

细菌名片

结核分枝杆菌

拉丁学名：*Mycobacterium tuberculosis (zopl) lehrmann et neumaan*

分　　类：放线菌目分枝杆菌科分枝杆菌属

特　　点：革兰氏阳性菌，主要引起肺结核病

分　　布：世界各地

细菌之恩

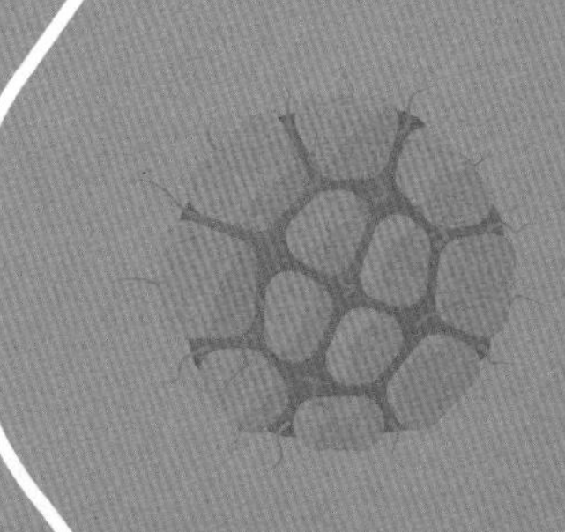

· 用细菌盖房子

· 细菌『养肥』庄稼

· 美食制造者

· 细菌守护健康

细菌有时是你的“密友”，有时是你的“敌人”，有时还能成为你的“衣食父母”。细菌在很多地方发挥着你想象不到的巨大作用，接下来的故事将让你大开眼界。

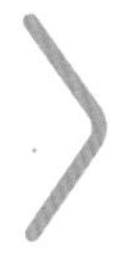

细菌守护健康

青霉素在治疗疾病上的巨大成功，极大地震撼和鼓舞了微生物学家及药物学家，使人们认识到微生物可能是一个巨大的新药宝库，为寻找新的药物提供了新的思路和途径。人们怀着淘金和寻宝一样的心情，开始在微生物中寻找类似于青霉素的新物质。随后人们发现了许多能够杀灭和抑制其他微生物发育及代谢的生物活性物质，有的还可抑制肿瘤细胞的发育和代谢，现在人们将之统称为抗生素，其中具有抗微生物作用的抗生素又被称为抗菌素。

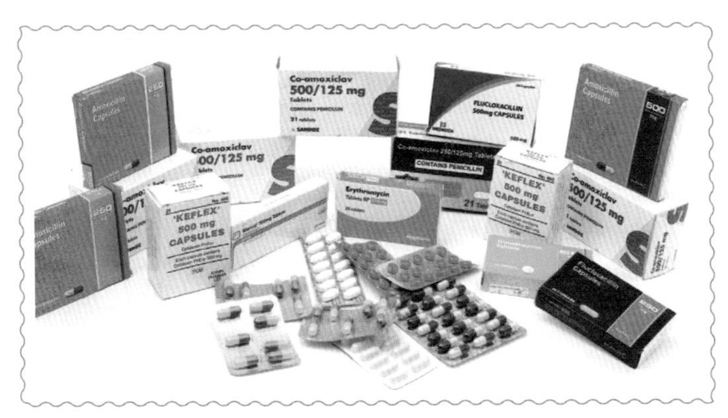

各类抗生素药物

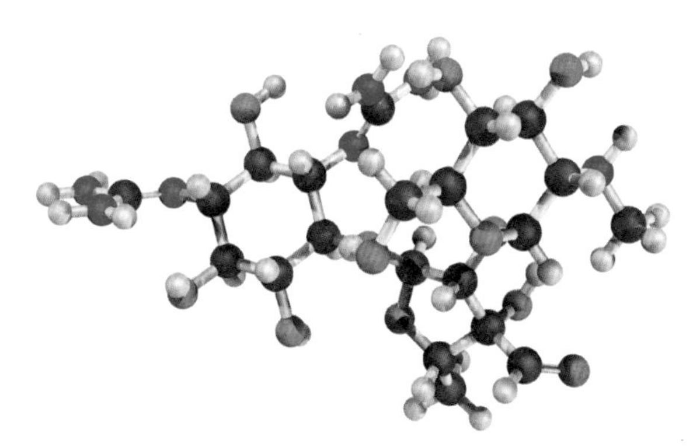

链霉素的化学结构

用于治疗结核病的链霉素是一种从灰色链霉菌的培养液中提取的抗生素，属于氨基糖苷碱性化合物。它与结核杆菌菌体核糖核酸蛋白体蛋白质结合，能够干扰结核杆菌蛋白质的合成，从而杀灭或抑制结核杆菌的生长。链霉素肌肉注射的疼痛反应比较小，适宜临床实用，只要应用对象选择得当，剂量又比较合适，大部分病人可以长期使用，一般注射两个月左右。所以，应用数十年来，链霉素仍是抗结核治疗中的主要用药。链霉素的发现与应用为人类征服结核病带来了希望，同时也开辟了利用放线菌生产抗生素的途径。

20 世纪 60～80 年代是抗生素研究发展的高峰年代，到目前为止，从微生物中发现的抗生素有约 8000 种，在工业上生产并在临床上应用的抗生素有近 100 种。由微生物产生的抗生

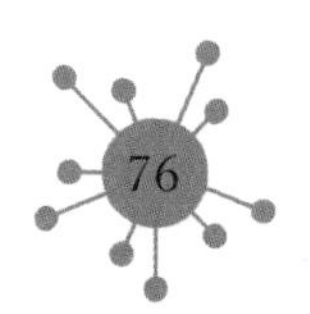

素占90%以上，其中60%左右的抗生素来源于放线菌。现在临床上使用的各种药物中有约50%是利用微生物生产的，可以说微生物为我们的健康做出了巨大贡献。

除了抗生素，细菌还可以帮助我们制造其他药物。你听说过胰岛素吗？你的胰腺会生成胰岛素，胰岛素能让血液中的糖分含量始终保持平衡。人一旦得了糖尿病，单靠自己的胰腺已无法生成足够多的胰岛素，这时就需要从体外注射胰岛素。

细菌可以帮助人们人工合成胰岛素。人体内的DNA会告诉细胞该怎样生成胰岛素，所以科学家首先会把人类DNA链条上关系到胰岛素生成的那一截切割下来，然后将其导入大肠杆菌体内，这些细菌便开始生成胰岛素。随着细菌不断生长和繁殖，新生成的细菌细胞也会不断生成并释放胰岛素了。

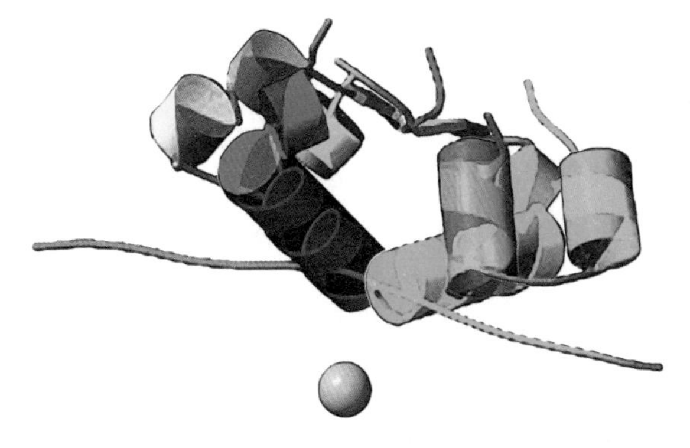

胰岛素分子

美食制造者

你几乎每天都会吃到由细菌“加工生产”的食物，如由乳酸杆菌发酵制成的酸菜、泡菜、酸奶，由醋酸杆菌发酵含酒精的原料而生产的各种醋等。

饮料中的葡萄糖、果糖糖浆、麦芽糖等的生产都离不开细菌。用淀粉做原料，芽孢杆菌首先“登场”，用其生产的一种淀粉酶将巨大的淀粉分子从中间水解，切割成只有约 10 个葡萄糖分子连在一起的寡糖。再用黑曲霉生产的糖化酶，从寡糖的一端将葡萄糖分子一个一个地水解下来，经过分离纯化可以生产大量的葡萄糖，用于医药和食品。葡萄糖作为饮料、食品甜味剂，往往因为甜度不高而影响口感，人们又从链霉菌中发现一种酶——葡萄糖异构酶，它能够将葡萄糖变成果糖。但是葡萄糖异构酶不能将葡萄糖全部转化为果糖，一般转化到 40% 左右就停止了，此时生产的糖浆甜度已经和绵白糖一样了。由于这样的混合糖难以去除全部水分，于是人们将其进行适当浓

缩，制成糖浆出售，给它起名为“高果糖糖浆”。这种糖浆已经被广泛应用于饮料、糕点及各种食品中。

你喜欢喝酸奶吗？酸奶不仅好喝，还有益于健康，乳酸菌是酸奶制作过程中的“大功臣”。

乳酸菌并不是一种细菌的名称，而是能够发酵糖类产生乳酸的细菌的统称。乳酸菌家族中包括常见的乳酸乳球菌、乳酸链球菌、乳酸杆菌、芽孢杆菌、双歧杆菌等。不同种类的乳酸菌制作出来的酸奶，口味、质地也不同，如以乳酸球菌为主制成的北欧酸奶，质地黏稠，伴有奶油香；而以乳酸杆菌为主制成的印度酸奶则呈凝固状态，酸味较重。

工厂批量生产酸奶时，为保证口味统一，给牛奶接种的乳酸菌需要遵守严格的配方标准。通常人们采用嗜热链球菌和保加利亚乳杆菌。保加利亚乳杆菌能产生大量乳酸，发酵效率也很高；嗜热链球菌的发酵速度虽慢，但能使酸奶更黏稠、更清香，它们在一起可谓是“最佳搭档”。

那么乳酸菌到底是如何让牛奶变成酸奶的呢？它们是让牛奶里的蛋白质发生了变化。牛奶里主要含有两类蛋白质——酪蛋白和乳清蛋白。酸奶的凝固过程其实就是酪蛋白在“抱团取暖”。牛奶原本是弱酸性的，pH 约为 6.5，此时酪蛋白分子各自分散在奶中；添加乳酸菌之后其酸度升级，pH 达到 5.5 左

保加利亚乳杆菌（左下）与嗜热链球菌（右下）常用于发酵酸奶。

右时，这些分子就会聚集，形成一个个大分子团；等到其酸度继续上升，pH 达到 4.7 左右时，酪蛋白分子里的磷酸钙就被释放出来，把分子团拉拢在一起，形成蛋白质网络，水分、乳清蛋白就滞留在网络的空隙间。用你的眼睛看时，它们就呈现浓稠的酸奶状态了。

细菌“养肥”庄稼

细菌不仅能让你吃饱喝足，也能让庄稼“吃好喝好”。大自然中那些默默无闻的微生物所做的贡献很少为人们关注，如固氮菌大家族，能有效地将空气中的氮气转化成氨，供给植物合成蛋白质。

固氮菌大家族中最主要的是根瘤菌。当土壤中有豆科植物生长时，根瘤菌就会向它的根部靠拢，从根毛进入根部。豆科植物的根部在根瘤菌的刺激下迅速分裂膨大，形成“瘤子”，为根瘤菌提供一个理想的活动场所，并供给丰富的养料，让根瘤菌生长繁殖。根瘤菌则会“卖力”地从空气中吸收氮气，为豆科植物制作“氮餐”，使其枝繁叶茂。这样，根瘤菌与豆科植物形成共生关系，因此根瘤菌也被称为共生固氮菌。根瘤菌产生的氮肥不仅能满足豆科植物的需要，还可以分出一些帮助“远亲近邻”，储存一部分给“晚辈”，所以中国历来有种豆肥田的传统。

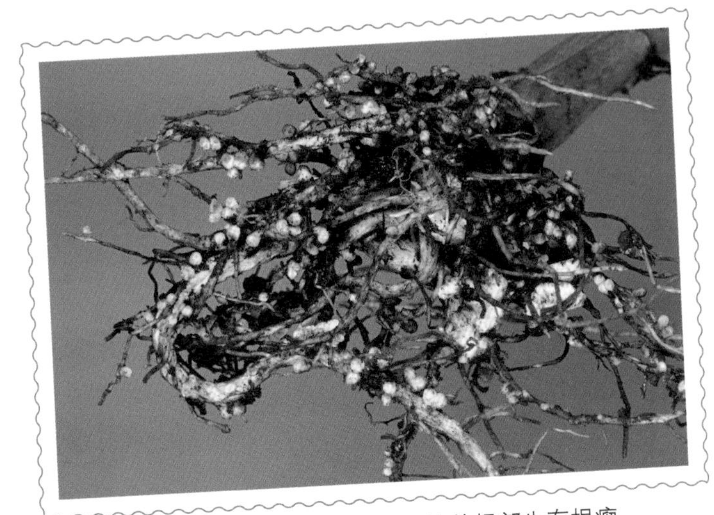

大豆自地表至 20 厘米左右深处的根部生有根瘤。

还有一些固氮菌，如圆褐固氮菌，它们不住在植物体内，能自己从空气中吸收氮气，繁殖后代，死后将遗体“捐赠”给植物，让植物得到大量氮肥。这类固氮菌称为自生固氮菌。

自然环境中的固氮菌在常温、常压下，将空气中的氮气变成植物必需的氮肥，每年大约可产生 1.5 亿吨氮肥，是全世界每年化学合成氨生产氮肥总量的几倍。与之相比，人们生产氮肥使用的化学方法，不仅需要昂贵的催化剂，还需要高温、高压等非常苛刻的条件，而且还浪费大量原料，氮分子的有效利用率很低。

研发农业应用中的有益菌，是当今微生物学研究的重要发展方向，将为农业的发展做出巨大贡献。

用细菌盖房子

你见过木头盖的房子、石头盖的房子，但你见过用细菌盖的房子吗？这听起来像在做梦，但正一点点变成现实。

人们盖房子最常用的建筑材料是混凝土，现在出现了一种叫生物混凝土的材料，就是在传统混凝土的基础上，把部分或全部的水泥换成微生物与它的碳源和能源物质。先将生物混凝土铺成一层，一旦生物混凝土中的微生物接触到空气，它们就会被“唤醒”，开始生长。微生物生长后将砂石固化，再接着铺第二层，如此重复，直到得到理想尺寸的建筑材料。

微生物怎么能固定住松散的砂石呢？最直接将砂石固定起来的填缝物质是碳酸钙，而微生物可以诱导碳酸钙沉积，我们可以将其称为微生物矿化（即凭借微生物产生矿物）的过程：首先，带负电的微生物细胞壁结构富集了溶液中的钙离子；然后，局部环境中的碳酸根离子会和钙离子结合，形成碳酸钙沉淀于细胞表面；最后，碳酸钙晶体不断生长，微生物逐渐被包

石灰石中含有碳酸钙。

裹，营养物质的传输受到限制，细胞最终死亡。

这个过程完成后，人们所能看到的是比较大的碳酸钙晶体，而晶体内部的一些小坑不易用肉眼看到，它们是微生物曾经存活的位置。

一般而言，材料内部生成的碳酸钙含量越多，其内部孔隙就越小，宏观表现出来的强度、刚度、渗透性等力学性能就越优异。

虽然微生物可以诱导碳酸钙沉积，但是并不是所有的微生物都有这个能力。碳酸钙沉积主要需要两种离子——碳酸根离

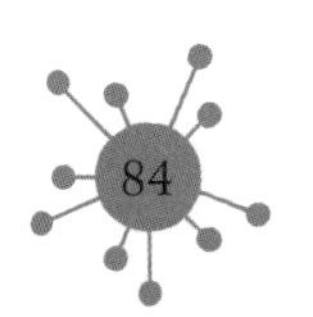

子和钙离子。钙离子很容易以钙盐的形式溶解在水中，然后被加入混凝土，因此容易产生碳酸根离子的微生物可能更适宜于诱导碳酸钙沉积，如蓝细菌、微藻，一些芽孢杆菌、节杆菌以及红球菌等。

相对于传统的混凝土，生物混凝土更环保、更坚固。目前生物混凝土的应用还存在种种挑战，但科学家正在努力寻找突破口和解决方案，说不定在不久的将来，你真的能住进用细菌盖的房子里。

细菌名片

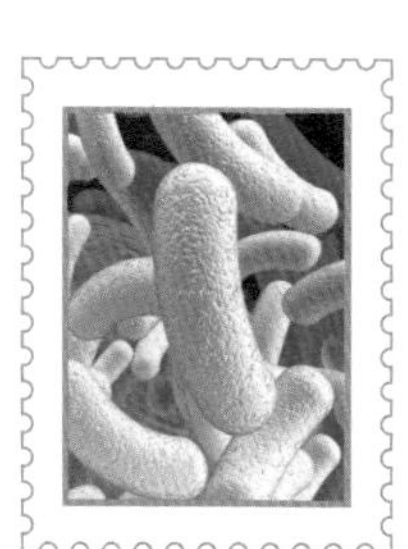

芽孢杆菌

拉丁学名：*Bacillus*

分　　类：芽孢杆菌科芽孢杆菌属

特　　点：革兰氏阳性菌，耐高温、耐氧化等

分　　布：土壤、水、空气以及动物肠道等处

细菌与病毒

- 噬菌体
- 为什么病毒更可怕
- 细菌感染和病毒感染
- 细菌和病毒是两码事

从外面玩耍回来，你妈妈一定会让你先洗手，洗掉手上的“脏东西”，也就是细菌和病毒。细菌和病毒常常被人们放在一起提，它们当中的坏家伙都会让人生病。那么，细菌和病毒真的总是“同流合污”吗？它们有什么区别呢？

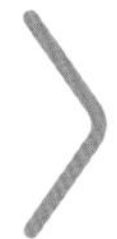

细菌和病毒是两码事

家长和老师经常提醒孩子们要勤洗手，洗干净，为什么呢？因为脏手上有细菌、病毒，用脏手摸嘴、抠鼻子、擦眼睛，它们就会随之进入人体并使人生病。可是谁都没有用肉眼看到过手上的细菌和病毒，于是孩子们提出了很多疑问。

细菌很小，用显微镜放大四五百倍，人眼才可以看到。不同的细菌大小不同，“长相”也不同。但是病毒在显微镜下也无法被人看到，因为它们更小，必须用电子显微镜放大上万倍，人眼才可以看到。若按体积计算，细菌的体积是病毒的二三百倍，细菌比病毒可大多了。

脏手上有看不见的细菌和病毒。

细菌和病毒都属于微生物，但是在分类上根本不在一起。这是为什么呢？要弄明白这个问题，我们首先得说说细胞。所有生物——从单细胞生物细菌到高等生物人，都是由细胞构成的。细胞是一切生物结构和功能的基本单位。细胞的形态各种各样，有圆的、长的、棱形、多角形、球状、扁平状、长筒状等。细胞大小差别很大，如动物细胞一般只有10微米左右，而苎麻的韧皮纤维细胞却长达55厘米左右。不管细胞的形态、大小有什么不同，它们的基本结构分为两大类。原核细胞主要由细胞膜、细胞质两部分组成，原核细胞组成原核生物，如细菌、蓝细菌；真核细胞主要由细胞膜、细胞核、细胞质三部分组成，真核细胞组成真核生物，如真菌、植物、动物。只有真核细胞才有细胞核。细胞质、细胞核里还有许多形态各异的结构。细胞虽小，但作用十分重要，生物的各种生命现象都是在细胞内发生和进行的。

细胞中存在一种与遗传相关的、十分重要的化学物质——核酸。核酸最初是从细胞核中被发现的，又因其呈酸性，所以叫核酸。各种生物体内都有核酸存在，它是一切生物的遗传物质。核酸种类很多，根据它们的组成可分为两大类：一类叫脱氧核糖核酸，简称DNA，主要存在于细胞核内；另一类叫核

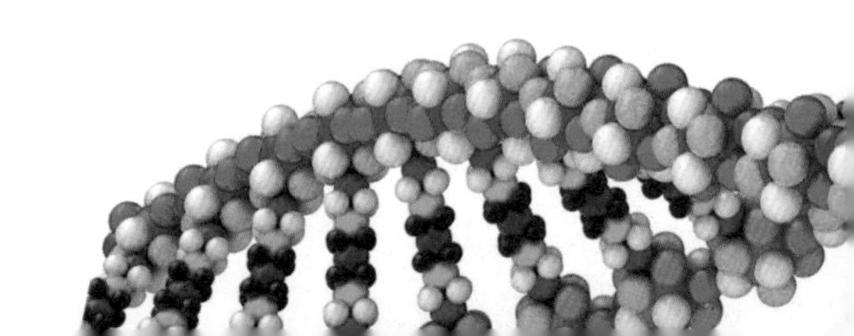

糖核酸，简称RNA，主要存在于细胞质内。之所以牛只能生牛，马也只能生马，就是它们把自己的遗传物质DNA分子复制出一份，传给其后代的缘故。

每个细菌都是由一个细胞构成的，其细胞结构也很简单。虽然细菌的细胞结构还不是十分“完美”，但是细菌依然能够从环境中吸收必需的营养物，也能够自己产生所需要的物质，因此可以独立生存、繁衍。一个细菌就是一个生命。

而病毒则不存在细胞结构，最复杂的病毒也就是一个蛋白质外壳包裹着DNA或RNA的“颗粒”，亚病毒甚至连这样的结构都没有，只有简单的DNA、RNA或蛋白质。病毒既不能从外界吸收任何营养物质，也不能自己

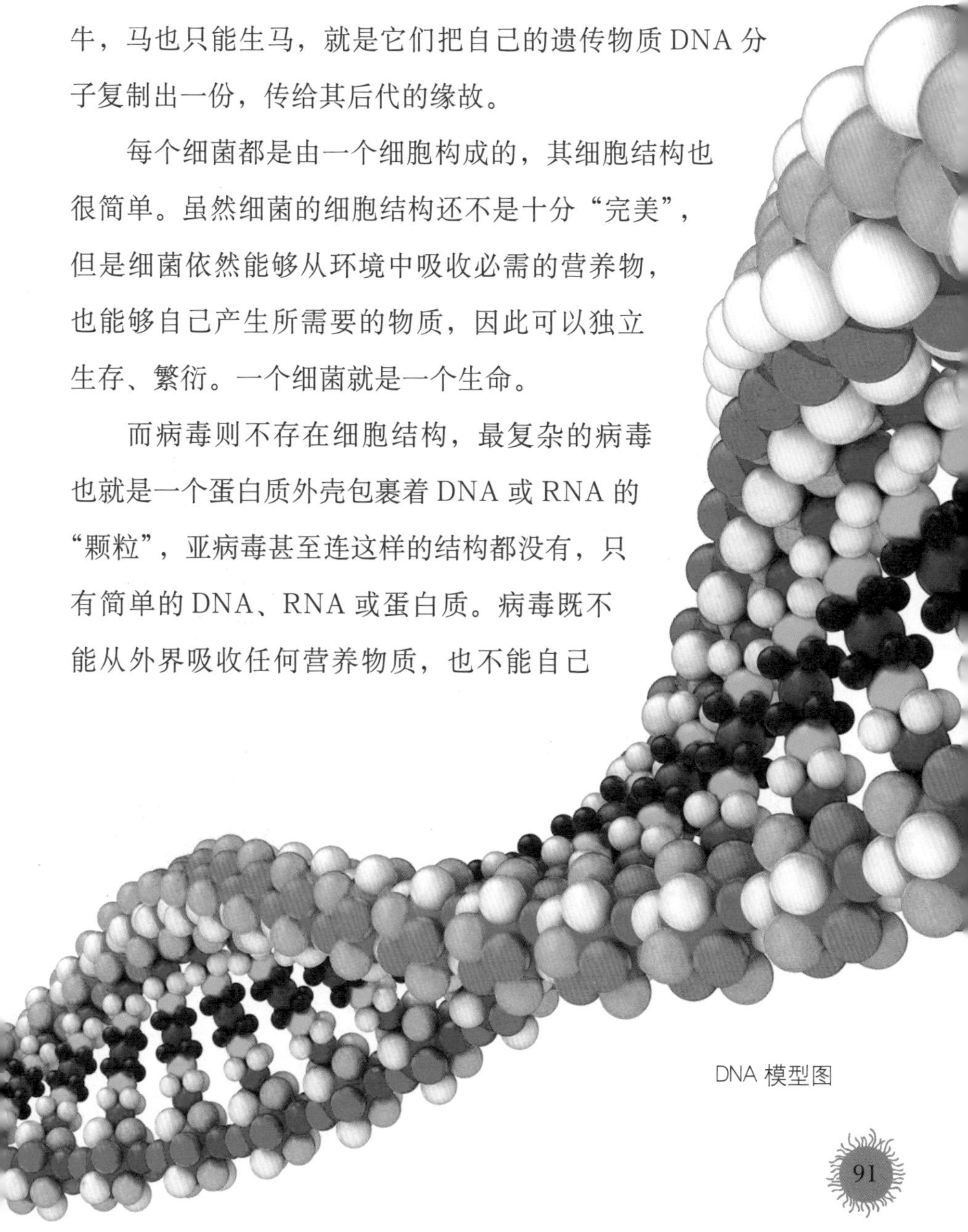

DNA 模型图

产生任何物质，病毒完全没有自己生存和繁衍的能力。游离的病毒就是无任何生命特征的“静休颗粒”。病毒只能侵入其他生物的细胞，利用其他生物细胞的基因和蛋白质合成功能，制造病毒的构成元件，再组装成新的病毒。它不是繁殖，而是复制。严格来讲，病毒不具有生命特性。

但是，你不要以为病毒这样简单就好对付，其实不然，病毒一旦侵入机体，给我们带来的麻烦难以估计。

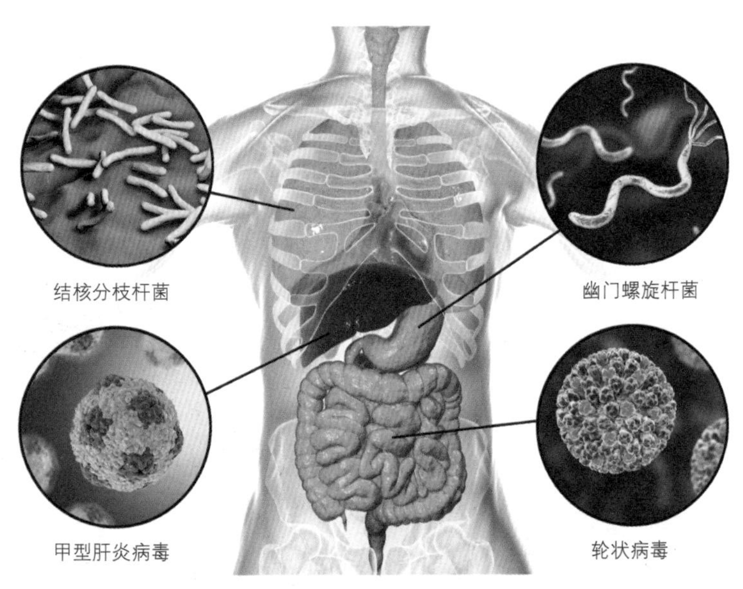

入侵人体的细菌和病毒

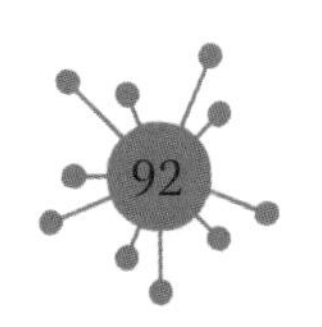

细菌感染和病毒感染

细菌感染和病毒感染是临床上十分常见的两种感染类型。这两种感染有什么区别呢?

一般来说，细菌感染导致人体白细胞总数升高，病毒感染则导致人体白细胞总数降低。白细胞是一个庞大的血细胞家族，它们的形态结构和生理功能都不同，可分为单核细胞、淋巴细胞等，是重要的人体免疫细胞。当致病细菌侵入人体后，会刺激淋巴细胞产生应急反应，促使白细胞增多并向感染部位集中，与病原体作战，表观上白细胞增多。

而病毒感染机体后，进入细胞进行大量复制、释放并造成细胞损伤。许多病毒，如引起水痘、麻疹、脊髓灰质炎等疾病的病毒，虽被吞噬却不能被杀灭，在细胞内生长复制，从而引起细胞死亡。因此病毒感染与细菌感染不同，它会导致人体白细胞数量下降。还有人认为，病毒对白细胞及骨髓有直接抑制作用，这可能是病毒感染后白细胞减少的部分原因。

但也有一些特殊情况，如伤寒杆菌感染机体后，人体的白细胞总数会下降。原因是伤寒杆菌产生内毒素，可以麻痹吞噬细胞（一种白细胞），阻止它们向感染部位移动，同时在吞噬细胞内生长、复制，被“绑架”的吞噬细胞成了淋巴细胞及其释放的淋巴因子的攻击对象，导致“坏蛋”与“人质”同归于尽，白细胞减少。再如临床上有些重症感染患者，因为感染较重，白细胞可能发生附壁，也就是贴附在血管壁上，这时血常规检测中的白细胞计数可能低于正常值，并不能完全反映外周循环的白细胞总数。这一类患者在经过治疗后，白细胞总数可以出现回升，即贴壁的白细胞又重新以游离形式出现在外周血中。还有传染性淋巴细胞增多症以及传染性单核细胞增多症，都是由病毒感染引起的，而非细菌感染引起。

细菌名片

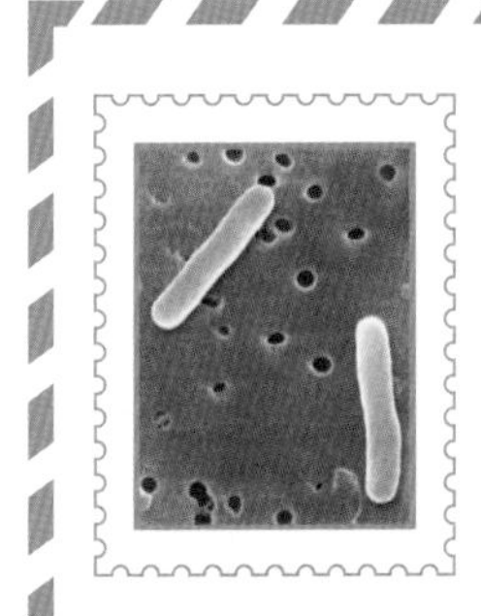

伤寒杆菌

拉丁学名：*Salmonella typhi*

分　　类：肠杆菌目肠杆菌科沙门氏菌属

特　　点：革兰氏阴性菌，耐低温

分　　布：肠道

为什么病毒更可怕

新冠肺炎在全球的暴发、流行，让人们再一次见识到了病毒的威力。病毒种类繁多，虽然有的病毒的危害性已经被我们降低，如天花病毒，但仍有许多严重威胁人类健康的病毒让我们束手无策，最著名的就是艾滋病病毒。病毒为什么比细菌更可怕、更难对付呢？

相较于细菌而言，病毒结构简单。对付细菌的抗菌药物可以从多方面发挥抗菌作用，如干扰细菌细胞壁合成，破坏细胞膜的完整性，抑制细菌蛋白质合成，影响细菌核酸代谢等，所以抗菌药物很多。而要抑制病毒在宿主细胞内复制，只有阻断病毒识别、侵入宿主细胞或干涉病毒在宿主细胞内的复制过程。但是，这同时也会干涉宿主细胞的正常代谢和增殖，因此大多数抗病毒药物的毒副作用很大。抗病毒和治疗病毒病的药物研发十分困难，目前几乎还没有治疗病毒的药物。

病毒的伪装性强。病毒都需要进入宿主细胞内进行自我复制，我们的免疫细胞可以识别和杀灭尚未进入人体细胞内的病毒，而病毒一旦已经进入细胞内部，就相当于穿上了一层伪装，很容易躲过免疫细胞的识别，得以在人体内生存下来，要杀灭它们也就变得更加困难。

病毒容易变异。“适者生存”的理论对病毒也同样适用，为了能让自己更好地生存下来，它们很容易发生变异。病毒通过改变原来的部分遗传信息，使宿主的免疫细胞不能识别出自己，通过不停地“改头换面”逃出人体免疫系统的“黑名单”，达到入侵宿主细胞的目的。其性质其实与细菌对抗菌药物产生耐药性如出一辙，只是原理不同罢了。

病毒的传播能力更强。许多病毒都能通过飞沫和接触传播，很容易引发大规模流行。人们如果感染了 2019 新型冠状病毒，虽然不一定发病，但也具有传染能力，这也是新冠肺炎难以被控制的原因之一。

噬菌体

1915 年，英国细菌学家弗雷德里克 · 特沃特在培养葡萄球菌时，意外地发现培养出来的葡萄球菌菌落上出现了透明斑，这个现象意味着这部分葡萄球菌已经消失了。是什么使葡萄球菌消失的呢？特沃特用接种针接触了透明斑后，再去碰触另外一个正常的葡萄球菌菌落，不久，这个菌落上被碰触的部分也出现了透明斑。这说明，葡萄球菌有一种“天敌”，它会被这种“天敌”“捕食”。但这种“天敌”是什么，特沃特一时还弄不明白。

1917 年，加拿大细菌学家费利克斯 · 德赫雷尔也发现了这种奇特的现象，他在进行痢疾杆菌的液体培养时，培养液变得混浊了，说明里面已经生长、繁殖了无数痢疾杆菌。然而他很快发现，混浊的培养液又变得清澈透明了，他培养出来的痢疾杆菌不见了。

痢疾杆菌为什么会消失？德赫雷尔认为，它们肯定是被另

一种比细菌更小的物质“捕食”了。他把这种能“捕食”细菌的微小物质叫作“噬菌体”。这个名词在希腊语中就是“食细菌”的意思。

噬菌体其实是一种病毒，是一种专门寄生在细菌体内的病毒，所以它还被叫作“细菌病毒”。这种侵染细菌的病毒后来被广泛用于遗传分子生物学的研究。

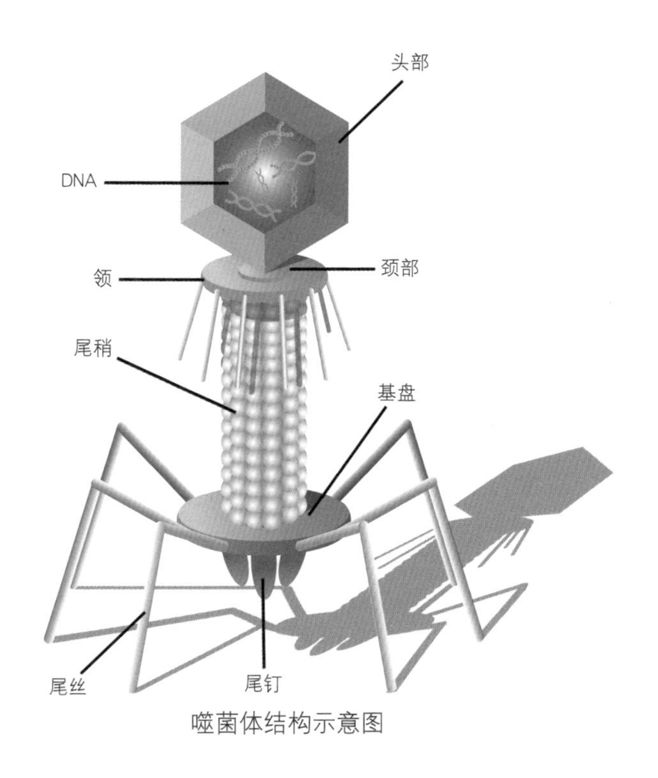

噬菌体结构示意图

噬菌体无处不在。不论在海洋中还是土壤中，到处都能找到噬菌体。一项新的研究表明，人们每天会通过肠道吸收数量高达 300 亿左右的噬菌体，噬菌体可能影响人体免疫机制，从而保护我们的健康。那么，如此“友好”的噬菌体是否暗藏某种生物学的“玄机”呢?

噬菌体比任何其他生命形式都具有更多的遗传多样性。噬菌体为 20 世纪的分子生物学革命提供了实验体系和工具，使得分子生物学和生物技术的研究飞速发展。

1952 年，美国科学家阿尔弗雷德 · 赫尔希和玛莎 · 蔡斯进行了一项著名的实验：分别用放射性磷和硫标记噬菌体（DNA 中的磷含量多，蛋白质中的磷含量少，蛋白质中有硫而 DNA 中没有硫）；然后用噬菌体感染大肠杆菌，再经高速离心机离心，将有放射标记的噬菌体和细胞破碎物分开，分别测定上清液（含噬菌体）和沉淀物（含破碎细胞）的放射性。结果发现，含有被硫标记的噬菌体的细胞沉淀物中，子代噬菌体中没有检测到硫，而含有被磷标记的噬菌体的细胞沉淀物中，子代噬菌体中能够检测到磷。这就证明了是 DNA 在指导着遗传功能，同时也说明是 DNA 在指示着蛋白质的形成，也就是 DNA 决定着蛋白质的合成、性质和构型。蛋白质是组成生命的基础，DNA 是生命遗传的基因物质。

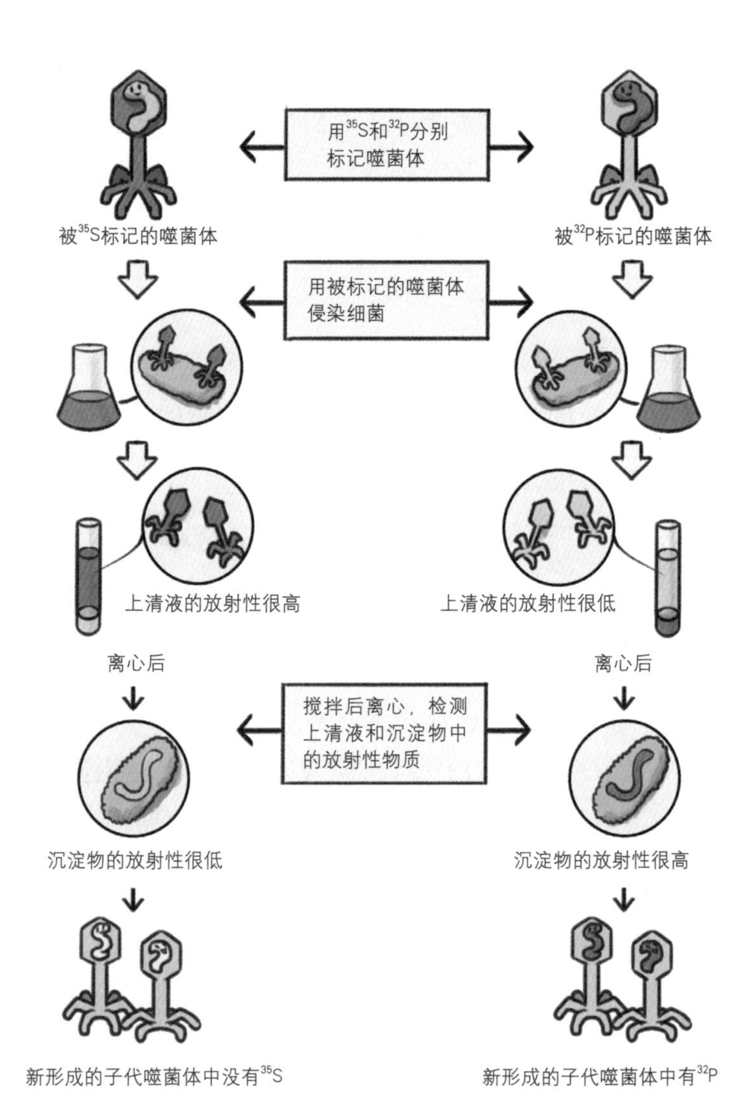
用^{35}S和^{32}P分别标记噬菌体
被^{35}S标记的噬菌体
被^{32}P标记的噬菌体
用被标记的噬菌体侵染细菌
上清液的放射性很高
上清液的放射性很低
离心后
离心后
搅拌后离心，检测上清液和沉淀物中的放射性物质
沉淀物的放射性很低
沉淀物的放射性很高
新形成的子代噬菌体中没有^{35}S
新形成的子代噬菌体中有^{32}P

赫尔希－蔡斯实验

科学家通过大量实验，在噬菌体中发现了许多能够与DNA合成并可操作的酶，比如聚合酶、连接酶、核酸内切酶和核酸外切酶。这些酶的发现为基因操作和基因工程的发展提供了有力工具，促进了分子生物学发展和生物技术产业的诞生。

现在，世界各地每天都在使用噬菌体蛋白质和限制性酶类保护细菌免受噬菌体感染，这为分子生物学家提供了另一种不可缺少的工具。研究细菌如何防御噬菌体，使得科学家发现了基因编辑系统，为更加安全、有效地改良生物，解决更多生物学难题带来新的可能。

迟来的病毒

- 病毒为何能致病
- 病毒如何复制
- 病毒有哪些
- 病毒的发现

世界上最小的动物和植物你用肉眼基本可以看到，但是病毒再大，你的眼睛也看不到。要想看到病毒是什么样子，就得用电子显微镜。因为病毒太小，又个性独特，人们很难发现它的存在。

病毒的发现

病毒在地球上出现和生存的时间要比细菌更久远，在历史文献中有大量关于灾难性流行病的记载，当时人们并不知道是什么原因，现在看来很多灾难都是由病毒造成的。

直到19世纪末期，烟草花叶病泛滥引起科学家的关注，实验证明用染病的烟草花叶压挤出的汁液，可以使没病的烟草花叶生病。1898年，荷兰科学家马丁努斯·拜耶林克依据前人的经验，挤出患病烟草花叶的汁液，用能够阻挡细菌的过滤器除去汁液中的细菌，发现滤液仍有侵染性。他再将汁液置于琼脂凝胶块，也就是果冻的表面，发现细菌滞留在凝胶表面，但有物质扩散到凝胶中，而且这种物质依然可以侵染无病烟草花叶。显然这种侵染性物质比细菌小，拜耶林克给这种小病原体起名为“病毒”。

这一发现引发了人们对各种致病病毒的分离和鉴定，人们开始大量研究各种病毒的致病性、传播方式、感染范围，各种

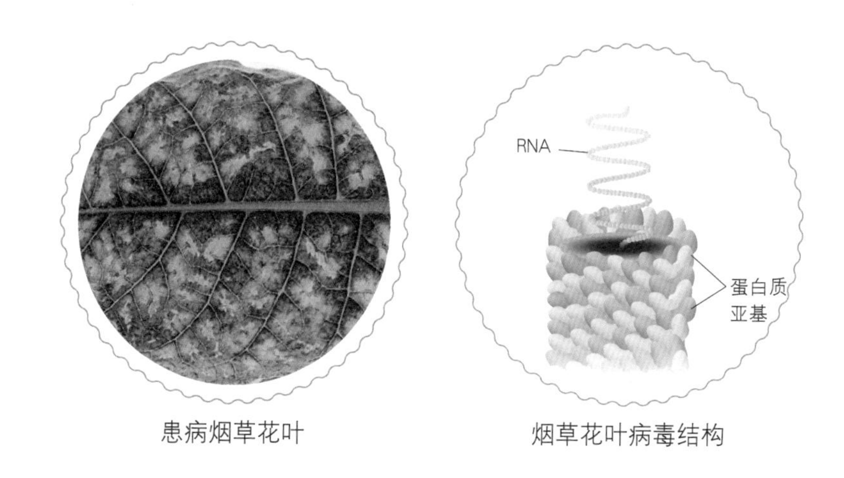

患病烟草花叶　　烟草花叶病毒结构

物理、化学因素对病毒的影响等。

1935 年，美国生物化学家温德尔 · 斯坦利发现烟草花叶病毒的侵染性可以被胃蛋白酶——一种能分解蛋白质的酶所破坏。他几乎研磨了上吨重的染病烟叶，才得到一小匙在显微镜下看是针状结晶的东西，并发现它仍然具有侵染性。这之后人们分离到很多病毒的结晶。

1936 年，英国科学家诺曼 · 皮里和弗雷德 · 鲍登发现，纯化的烟草花叶病毒并不仅仅是由蛋白质构成的，还含有磷和糖类的组分，它们以核酸的形式存在，通过热处理，这种核酸可以从病毒粒子中释放出来。事实上，蛋白质约占病毒组成的 95%，另外 5% 左右是一种神奇的长条状分子，也就是核酸。这一发现不久也被斯坦利证实，斯坦利及其同事还证实几种不

同的植物病毒也有同样的构成。

烟草花叶病毒的结晶及其化学本质的发现为医学和生物科学发展做出巨大贡献，它不仅引导人们从分子水平去认识生命的本质，而且为分子病毒学和分子生物学的诞生奠定了基础。斯坦利获得1946年诺贝尔奖，他是病毒学领域第一个获此殊荣的科学家。

随着科学技术的发展和研究手段的进步，科学家对病毒的研究越来越深入、越来越广泛，逐渐形成了一个独立的学科——病毒学。

进入20世纪中后期，病毒学研究全面展开，分子生物学研究手段的广泛应用以及现实生活的需求，促进了病毒学研究的快速发展。

病毒有哪些

现有研究发现，病毒几乎可以感染世界上的任何生物，能够感染动物的被称为动物病毒，如猪瘟病毒、口蹄疫病毒、狂犬病毒、禽流感病毒等；能够感染植物的被称为植物病毒，如黄瓜花叶病毒、蚕豆萎蔫病毒、水仙黄条病毒、小麦土传花叶病毒等；而能够感染微生物的病毒却不称作微生物病毒，而是被称为噬菌体，如大肠杆菌噬菌体、沙门氏杆菌噬菌体等。不同的病毒“长相”千差万别，大小不一。

病毒名片

禽流感病毒

英文名称：Avian influenza virus (AIV)

分　　类：RNA 病毒

传播途径：主要经呼吸道传播

常见症状：流感样症状、肺炎

从化学组成和颗粒结构分类，病毒可分为病毒和亚病毒两大类。

病毒具有“完整颗粒”结构，由蛋白质外壳包裹着具有遗传功能的核酸构成。由于核酸不同，含有DNA的病毒称为DNA病毒，含有RNA的病毒称为RNA病毒，含RNA和反转录酶及整合酶的病毒归为反转录病毒。

亚病毒不具有病毒那样的“完整颗粒”结构，首先没有蛋白质外壳包裹，只有一种物质，依据物质性质亚病毒又分为三类：类病毒、拟病毒和朊病毒。

类病毒只是一种具有侵染性的单链RNA，它们比病毒更小，专一性强，通常只感染高等植物，可整合到植物的细胞核内进行复制，如马铃薯纺锤形块茎类病毒、啤酒花矮化类病毒、苹果锈果类病毒等。

拟病毒仅有裸露的RNA或DNA。拟病毒只能寄生在病毒里，复制时必须依赖病毒的协助，同时拟病毒也可干预其宿主病毒的复制，从而减轻其对宿主细胞的伤害，因此它可用于生物防治。在植物病毒中寄生的拟病毒有绒毛烟斑驳病毒、苜蓿暂时性条斑病毒、莨菪斑驳病毒、地下三叶草斑驳病毒等，在动物病毒中寄生的拟病毒有丁型肝炎病毒等。

朊病毒根本没有核酸，只是一种疏水（不溶于水）小分子蛋白质，免疫系统对其没有任何反应，但它能够侵染动物细胞，并在细胞内复制。朊病毒本质上是具有感染性的蛋白质，它能够使细胞中原有的正常蛋白质变成和它一样的毒蛋白，干扰神经细胞的正常功能，使得神经细胞最终坏死。朊病毒不断侵蚀脑组织，导致脑功能受损，灰质中出现海绵状病变，造成人格、记忆和行为的变化。感染朊病毒的人会智力下降、运动异常，尤其是共济失调。这些症状随着时间的推移会逐渐恶

病毒的分类

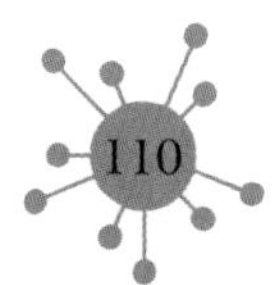

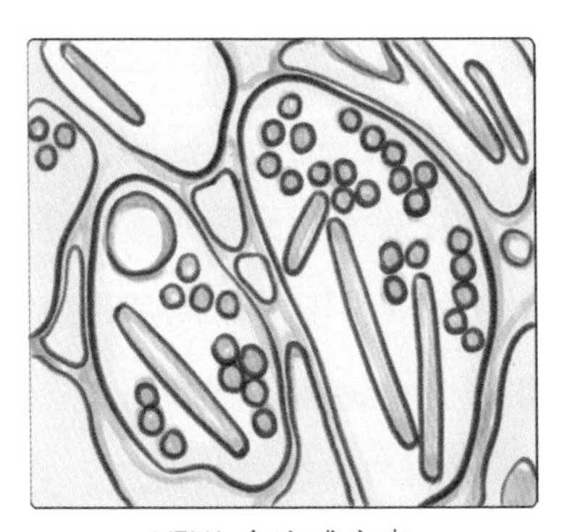
H5N1 禽流感病毒

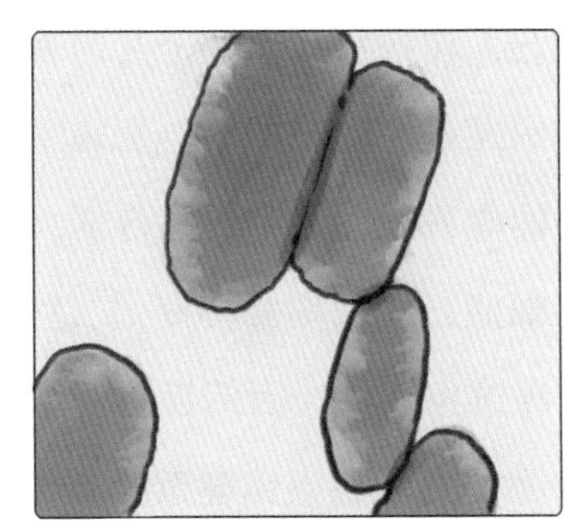
狂犬病毒

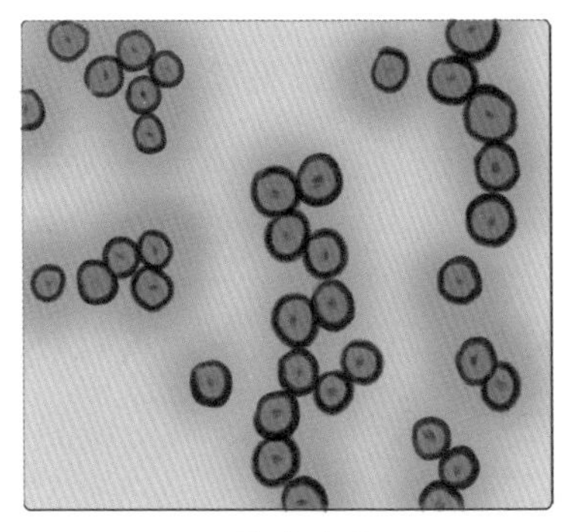
口蹄疫病毒

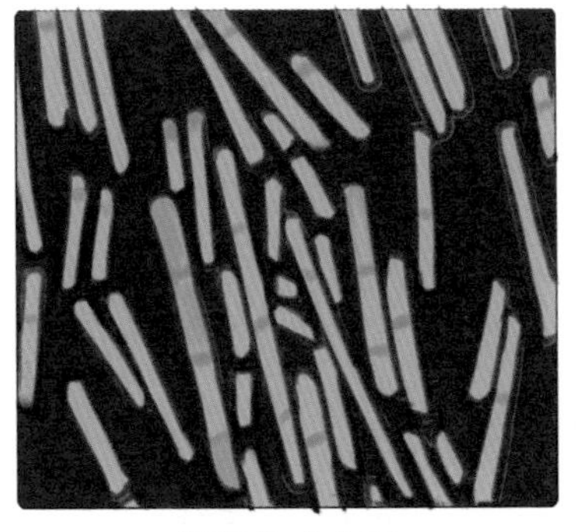
烟草花叶病毒

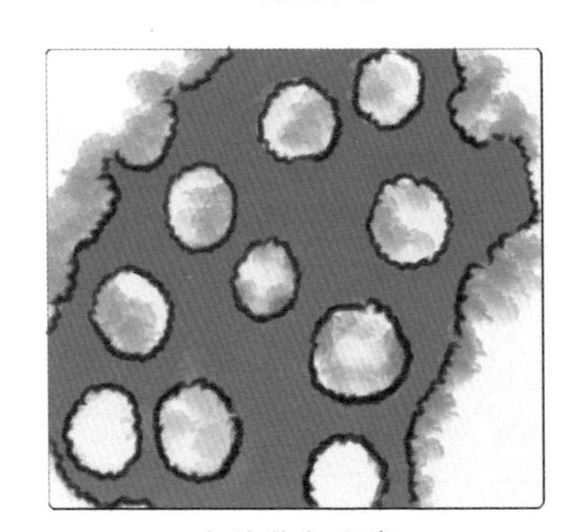
水仙黄条病毒

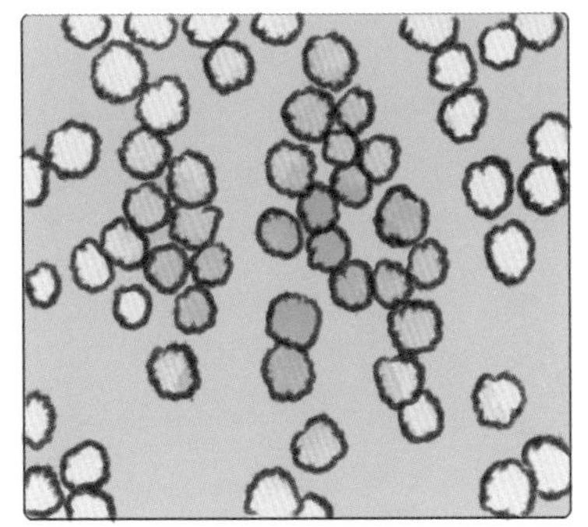
黄瓜花叶病毒

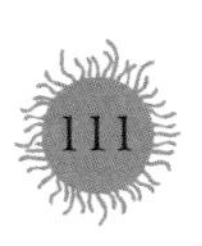

化，人在几年甚至几个月内就会死亡。现在朊病毒病不论在人群中还是在动物群中，发病率在全球范围内都呈上升趋势，人类的库鲁病、克雅氏综合征、格斯特曼综合征和致死性家庭性失眠症，死亡率为100%。还有疯牛病和羊瘙痒症也多是由朊病毒感染造成。因此世界卫生组织将朊病毒病和艾滋病并立为20世纪最危害人体健康的疾病。

病毒的形态归结起来主要有七种。粗略地讲，能够感染人、动物和真菌的病毒多为球形病毒，少数为弹状或砖状；感染植物和昆虫的病毒多为线状和杆状，少数为球状；噬菌体部分为蝌蚪状，但也有线状或球状。

病毒结构简单，不具有生命特征，但为数众多。人们对它们的认知最晚，但是对病毒的研究却大大推动了现代生命科学的发展，加深了人们对生命的认识。

病毒如何复制

在讲病毒复制之前，先带你认识一下病毒的结构。病毒的组成和结构直接关系到它的性质和功能。

病毒主要由遗传物质和蛋白质构成，是介于生命和非生命之间的一种物质形式。其基本结构是由一个或多个核酸分子组成的基因组，外面包裹着一层由蛋白质或脂蛋白构成的保护性外壳——衣壳。衣壳和被包裹的核酸构成核衣壳，有些病毒在核衣壳之外还有囊膜和刺突。较复杂的病毒在核衣壳外面还有由脂质和糖蛋白构成的包膜，包膜有维系病毒结构和保护核衣壳的作用。病毒的包膜糖蛋白具有多种生物学活性，是病毒感染宿主细胞所必需的。对于病毒来说，蛋白质就好比皮肤，遗传物质就像大脑，衣壳决定了病毒能感染什么细胞，也就是病原特异性。

DNA 病毒广泛存在于人、脊椎动物、昆虫体内以及多种传代细胞系中。RNA 病毒主要是植物病毒，其核糖核酸通常

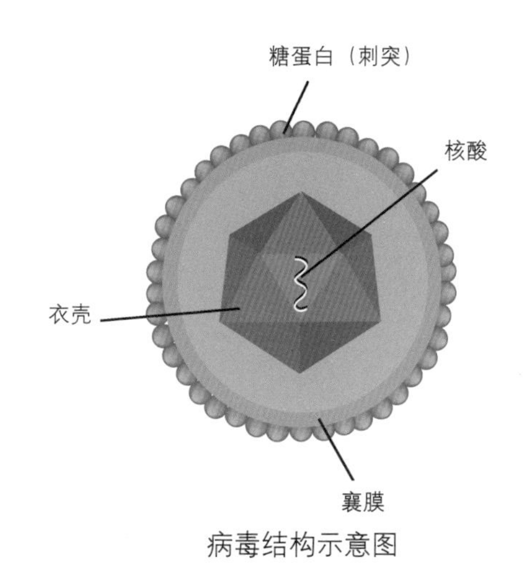

病毒结构示意图

是单链的，但也有双链的。RNA 病毒有自我复制和反转录两种复制方式，病毒 RNA 在复制过程中，因几乎没有修复错误的酶，所以容易发生变异。可怕的 2019 新型冠状病毒就是 RNA 病毒。

病毒要复制，必须进入宿主细胞。首先病毒依靠静电吸附靠近细胞。病毒表面带有具有识别功能的特殊蛋白质，能够选择带有相匹配的受体的细胞，两者结合，这是病毒感染的第一步。

第二步是病毒穿过细胞膜进入细胞，但穿入的方式会因病毒不同而不同。无包膜的病毒，如腺病毒和小 RNA 病毒，直接被细胞膜包裹吞入，形成吞噬空泡；有包膜的病毒则是包膜与细胞膜融合，脱掉包膜的核衣壳直接进入细胞内。

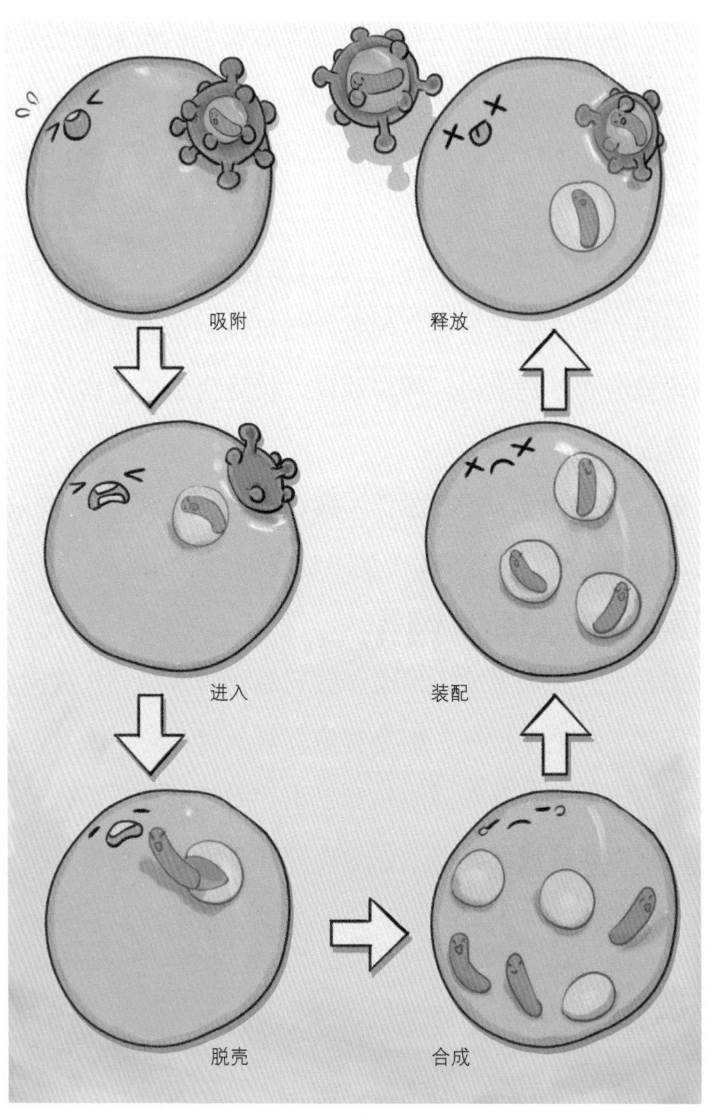

病毒复制过程

第三步是脱壳，进入细胞的病毒不管是以核衣壳还是吞噬空泡方式存在，都需要脱壳。不同病毒的脱壳方式不一样，多数是在宿主细胞溶酶体酶作用下，病毒的衣壳被分解，释放出基因组核酸。

第四步是生物合成阶段。病毒基因组一从衣壳中释放出来，就想方设法地利用宿主细胞一切可以利用的条件，大量合成病毒核酸和结构蛋白。简单地说，就是为组成新病毒准备各种“零配件”。

第五步是组装“零配件”。病毒核酸与衣壳装配在一起，形成子病毒。绝大多数 DNA 病毒均在细胞核内组装，而 RNA 病毒和痘病毒在细胞质内组装。

第六步是病毒释放。绝大多数无囊膜病毒是一次性同步释放，将宿主细胞膜破坏，细胞裂解释放病毒颗粒，细胞则迅速死亡。而绝大多数有囊膜的病毒以出芽方式释放，释放时病毒会包上细胞核膜或细胞膜，成为成熟病毒，逐个释出，宿主细胞缓慢死亡。

病毒为何能致病

病毒对细胞的致病作用，包括来自病毒的直接损伤和机体免疫应答两个方面。敏感的宿主细胞被病毒感染后，在两者相互作用下可表现出不同情况。

病毒侵入宿主细胞进行大量复制，短时间内释放大量子代病毒，不管是出芽还是溶胞，都会破坏细胞并致其死亡。另外，病毒在宿主细胞内进行复制，需要依靠和利用宿主细胞的基因复制系统、蛋白质合成系统及原材料，对宿主细胞的正常生活产生干扰和破坏，甚至对宿主细胞的多种功能造成损伤，导致细胞自溶。细胞被伤害，由它构成的组织、器官功能就会受到伤害，使生物患上疾病，甚至死亡。这种感染称为杀灭性感染。

某些不具有杀死细胞效应的病毒，多为最外面包有囊膜的病毒，这些病毒在宿主细胞内复制时，对细胞代谢影响不大，并且以出芽方式释放病毒，过程缓慢，病变较轻，短时间内不会引起细胞溶解和死亡。但细胞膜上相互识别的受体可被破坏，并出现细胞融合，细胞表面产生新的抗原（致病物质）等现象。经病毒长期复制、多次释放后，细胞最终仍会因能量和营养物质消耗殆尽而死亡。这种病毒感染称为稳定状态感染。

某些病毒感染细胞后，如腺病毒、人乳头瘤病毒和艾滋病病毒等，病毒可直接或在由病毒产生的蛋白因子的间接作用下，使细胞启动“自杀”过程，诱发细胞慢慢死亡，也称为“程序性死亡”。但是由于感染细胞的死亡总是发生在病毒复制完成之后，因此并不能中断病毒感染。

有的病毒遗传物质核酸可全部或部分整合到宿主细胞基因中，造成宿主细胞基因组的损伤。有的病毒基因片段整合到宿主细胞的基因上，会打乱细胞的正常状态。有的整合病毒基因

病毒名片

人乳头瘤病毒

英文名称：Human papilloma virus（HPV）

分　　类：DNA 病毒

传播途径：性传播、密切接触、间接接触等

常见症状：寻常疣、甲周疣、丝状疣

可表达出对细胞有特殊作用的蛋白质，对宿主细胞造成不利影响，使宿主细胞失常。

少数病毒感染细胞后，不仅不会抑制宿主细胞基因的合成，反而会促进细胞基因的合成，使得细胞形态发生变化，失去细胞间的相互控制而成堆生长，甚至部分细胞会转化为肿瘤细胞。这就是病毒感染引发癌症的原理。

细胞被感染后，在显微镜下，你会发现细胞内的一些地方会出现斑块状物。它是由病毒颗粒或未装配的病毒成分构成的，或是病毒复制给宿主细胞留下伤害的痕迹，会破坏宿主细胞的结构和功能，有时会引起细胞死亡。

不同的病毒对宿主细胞造成伤害的机理不同，因此不同病毒感染引发的病状和后果也各不相同。

另外，所有的病毒都不能任意攻击组织、器官的细胞，而是有选择性。因为病毒表面带有的具有识别功能的蛋白质相当于“钥匙”，细胞表面带有的用于识别其他细胞及病毒的受体相当于“锁”，“一把钥匙开一把锁”，因此不同病毒侵染不同细胞，造成对特定组织、器官的损伤，形成临床上不同的病。

你最记恨的病毒

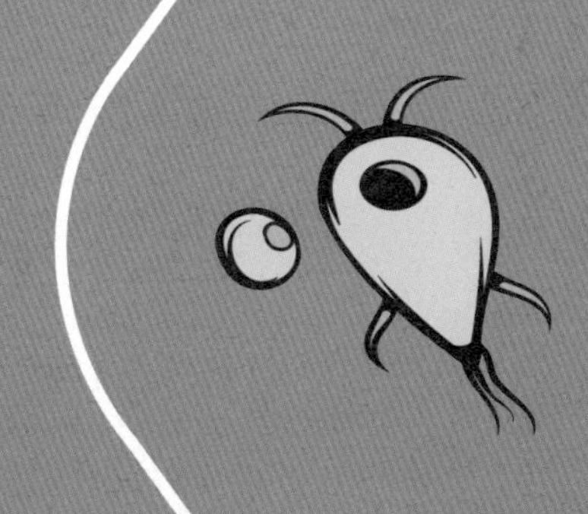

- 天花的终结
- 埃博拉恐惧
- 缠人的艾滋病病毒
- 横行的流感病毒

病毒带来的伤害和灾难，使我们永远不能忘记。不同年龄的人都有各自关于病毒的可怕记忆：水痘、天花、小儿麻痹症、肝炎、狂犬病、流感、艾滋病、“非典”……你印象最深刻的是哪种可怕的病毒呢？

横行的流感病毒

首先你需要搞清楚一个问题：流感和普通感冒是不同的。流感是流行性感冒的简称，和普通感冒一样，都是呼吸道疾病，都可能有不同程度的发热和呼吸道症状，如咳嗽、鼻塞、流涕、咽喉疼痛等，但二者是完全不同的病。

普通感冒的病原体复杂多样，多种病毒、支原体和少数细菌都可以引发普通感冒，一年四季均可发病。患者通常不发热或轻、中度热，发热仅持续 1～2 天，基本很少有或没有全身的症状，如头痛、咽痛、全身肌肉酸痛、极度乏力、食欲减退等。

而流感是由流行性感冒病毒（简称流感病毒）感染引发的急性呼吸道感染，是一种传染性强、传播速度快的疾病，主要发生在冬春季节。流感病毒可导致人及禽类、猪、马、蝙蝠等多种动物感染和发病，是人流感、禽流感、猪流感、马流感等的病原体。人流感病毒可传染猪，而其他动物的流感病毒不能传染人。

流感是历史性传染病，古希腊医生希波克拉底在其著作中就描绘了一些类似于流感的症状。在过去的300多年里，大约每隔三四十年，流感就会在全球肆虐一次。在人类研发出流感疫苗之前，每次流感大暴发都会导致几百万人丧生。仅在过去的20世纪的100年间，世界范围内的流感大流行就发生了五次。

2009年4月25日，世界卫生组织宣布在墨西哥和美国暴发的甲型H1N1流感疫情为“具有国际影响的公共卫生紧急事态”。此次大流行在世界范围内造成了数十万人的死亡，中国因成功预防应对和医疗救治有效降低了患病率及病死率，但仍有3万多死亡病例。流感给社会、经济和人们的健康带来严重影响，需要我们时刻警惕，做好各方面的防范准备工作。一旦发现疫情，及时控制，完全可以减少，甚至阻断疫情的扩散。

病毒名片

甲型H1N1流感病毒

英文名称：Swine influenza

分　　类：RNA病毒

传播途径：呼吸道传播、接触传播等

常见症状：发烧、咳嗽、疲劳、食欲不振等

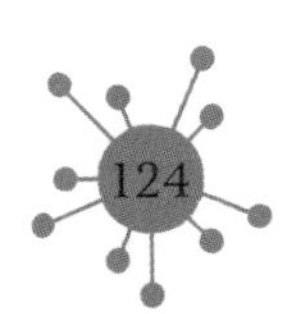

缠人的艾滋病病毒

艾滋病是“获得性免疫缺陷综合征”的英文缩写译名，最早病例是由美国疾病预防与控制中心于1981年6月5日报道的。1983年6月，科学家宣布分离出了艾滋病病原体，1986年国际病毒分类委员会将其命名为“人类免疫缺陷病毒”，又称艾滋病病毒。

艾滋病病毒进入人体后，主要攻击保护人体的免疫细胞，如T细胞和B细胞，导致人体细胞免疫功能缺陷。这样一来，原本寄生于正常人体内不会致病的病原体，如卡氏肺孢子虫、弓形体、隐孢子虫、白色念珠菌等，就会引起人体严重感染，甚至引发罕见肿瘤而最终致人死亡。

艾滋病传染速度快，发病率和死亡率极高，并且波及地区广泛。艾滋病病毒在人体内的潜伏期平均为8~9年，艾滋病发病以前，人们可以没有任何症状地生活和工作多年。这些艾滋病病毒携带者因没有任何症状，不会引起人们的注意，就极

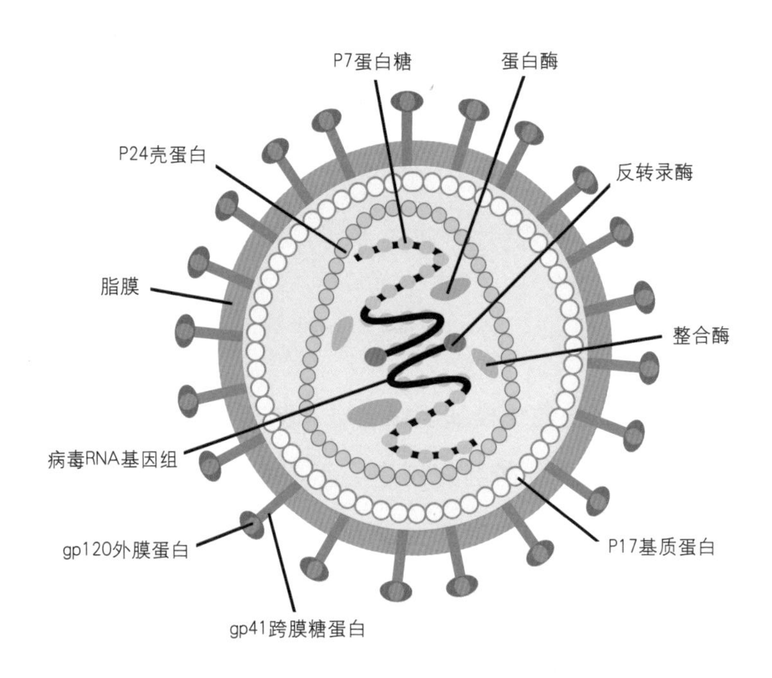

艾滋病病毒的基本结构

易造成传染。

艾滋病究竟从何而来？2003 年 6 月 13 日，美国研究人员在《科学》杂志上发表文章，认为 1 型艾滋病病毒的前身是黑猩猩体内的一种猴免疫缺陷病毒。研究人员推测，黑猩猩通过捕食红冠白脸猴和大斑鼻猴，分别感染了两种猴免疫缺陷病毒，这两种病毒在黑猩猩体内发生重组，产生了新的猴免疫缺陷病毒。人类在猎食黑猩猩的过程中感染了猴免疫缺陷病毒，这种

病毒最终演化成目前在全球流行的1型艾滋病病毒。最近，研究人员通过研究进一步证实，1型艾滋病病毒起源于西非黑猩猩身上的猴免疫缺陷病毒。这个发现证实了过去人们长期怀疑的观点：野生动物是艾滋病病毒的自然宿主。

这也许是目前关于艾滋病来源的最好解释，但是诸多环节还有很多细节有待商榷，需要今后更多的研究来证实。

艾滋病病毒不能在空气、水和食物中存活，在外界这些病毒会很快死亡。因此握手、拥抱、接吻、游泳、蚊虫叮咬、共用餐具、咳嗽或打喷嚏、日常接触等一般不会传播艾滋病病毒。

艾滋病病毒感染者是传染源，人们曾从其血液、精液、唾液、尿液、阴道分泌液、眼泪和乳汁等处分离到艾滋病病毒。

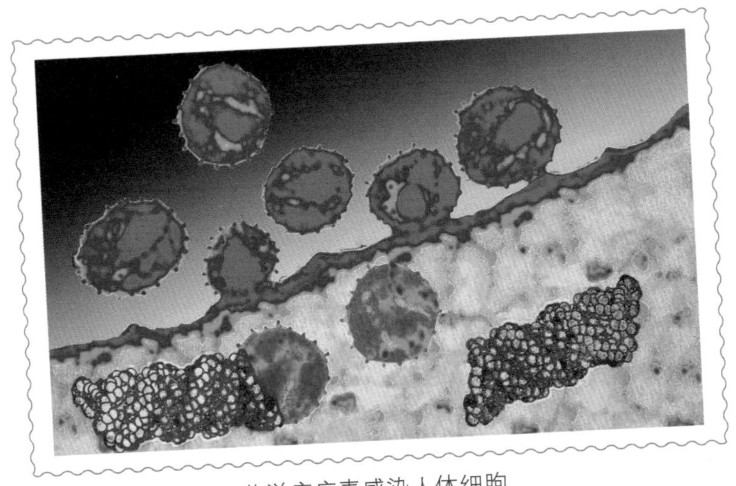

艾滋病病毒感染人体细胞。

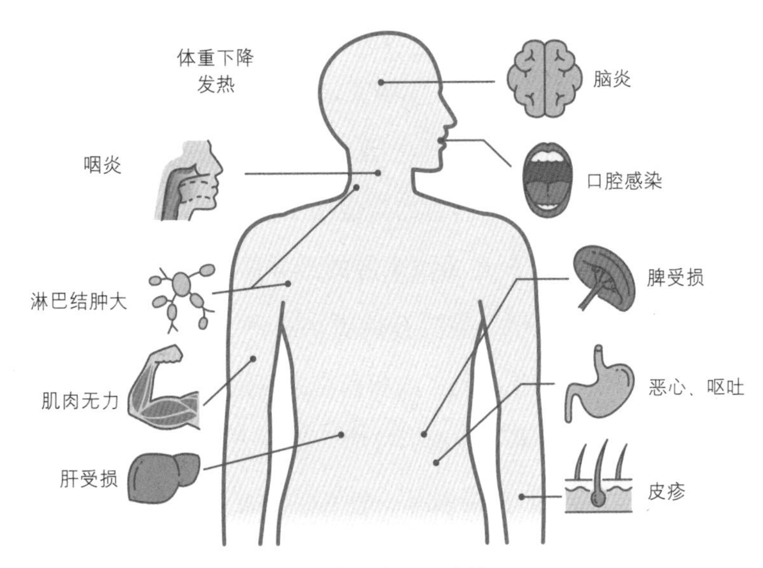

艾滋病的主要症状

由于艾滋病病毒存在于感染者精液和阴道分泌物中，性行为很容易造成细微的皮肤黏膜破损，病毒就会乘虚而入，进入人的血液中而导致感染。对于病毒感染者来说，无论是同性还是异性之间的性接触都会导致艾滋病的传播。另外，感染了艾滋病病毒的妇女在妊娠及分娩过程中，也可将病毒传给胎儿，感染的产妇还可通过母乳喂养将病毒传给吃奶的孩子。

尽管许多国家花费了大量的人力和财力，但至今仍没有研究出可治愈艾滋病的药物，也没有可以预防艾滋病的疫苗。因此艾滋病成为当今全球医学界最关注的一种传染病，有“世界

瘟疫”之称，又因其危害严重，而被称为“超级癌症”。艾滋病的传播无国界、无种族、无尊卑、无男女老幼之分，艾滋病已成为肆虐全球的疾病。

艾滋病患者在死亡之前很有可能将艾滋病病毒传染给其他人，因此预防就显得尤为重要。艾滋病感染者或患者被确诊得越晚，将病毒传染给他人的可能性就愈大，被传染的人数可能也就愈多，对健康人群造成的威胁也越大，因此早诊断、早发现、早治疗就成为预防艾滋病的重要措施。

虽然艾滋病病毒疫苗被认为是预防艾滋病的最有效工具，但是，艾滋病病毒是反转录病毒，而反转录酶缺乏校正修复功能，因而艾滋病病毒的变异频率非常高。世界不同地区，甚至同一感染个体不同时期的艾滋病病毒，其基因组都有较大差异，这给人们从基因角度研制疫苗带来了极大的困难。

到目前为止，科学家还没有研发出有效的艾滋病疫苗。但是人们从失败中不断地总结、分析失败的原因，逐渐认识到艾滋病病毒本身的独特性、人体免疫系统与艾滋病病毒的复杂关系。随着生物技术的发展，艾滋病疫苗的研发在不断地取得新进展。总而言之，人类与艾滋病病毒的抗争还要继续。

埃博拉恐惧

1976年7月6日，苏丹南部的厄尔贡山西北800多千米处，恩扎拉镇上一个棉花加工厂的保管员，七窍出血死亡。随后和他在同一间办公室办公的另外两名职员也突然因身体大量出血而死亡。其中一人社会交往广泛，造成该镇众多人员感染死亡，医院也成了重灾区。到11月疫情结束，共发病284例，死亡151例，病死率约为53%。这种病毒是在埃博拉河流域发现的，因而被称为“埃博拉病毒”。

之后，埃博拉病毒每隔几年便会暴发。最为严重的一次疫情是从2014年3月开始，在几内亚、利比里亚、塞拉利昂等西非国家以惊人的速度大肆蔓延，甚至一度扩散到世界其他国家和地区，引起全世界的巨大恐慌。

埃博拉病毒是人兽共患病毒，人们虽然还没有最后确定它的自然宿主，但依据目前对它的了解，它的自然宿主可能是非洲果蝠，它的终末宿主主要是人类及灵长类动物，包括大猩

猩、黑猩猩和各种各样的猴子。

埃博拉病毒传播的最主要途径是接触传染，包括直接接触和间接接触。如果医务人员在诊断、治疗或患者家属在探视时，接触了病人的各种体液、器官及其污染的衣物、床单等物品就可能被感染。另外，与携带病毒的动物接触也会造成感染——主要是指与动物尸体的接触。埃博拉病毒流行地区主要是森林、草原地区，人们大量猎杀、贩卖和食用野生动物，因此被感染的机会远大于其他地区。

常见的埃博拉病毒形状宛如中国古代的“如意”，利用电

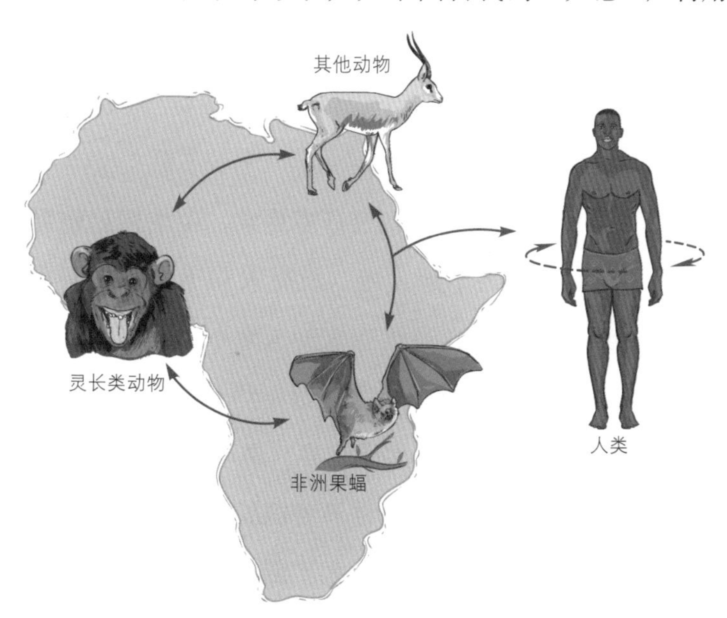

埃博拉病毒传染途径

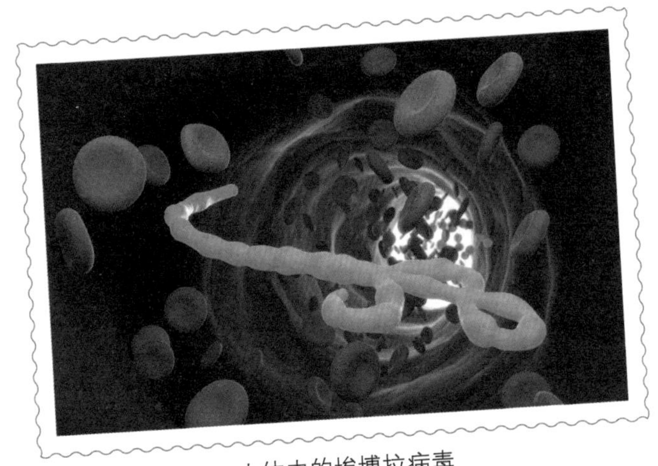

人体内的埃博拉病毒

子显微镜研究埃博拉病毒属成员，发现埃博拉病毒呈现一般纤维病毒的线形结构。病毒粒子也可能出现“U”字形、“6”字形、缠绕状、环状或分枝形。

尽管科学家绞尽脑汁，做过许多探索，但埃博拉病毒的真实“身份”，至今仍为不解之谜。没有人知道埃博拉病毒在每次大暴发后潜伏在何处，也没有人知道每一次埃博拉疫情大规模暴发时，第一个受害者是从哪里感染到这种病毒的。埃博拉病毒是人类有史以来所知道的最诡异、最可怕的病毒之一。

自埃博拉病毒暴发以来，世界各国纷纷开展埃博拉疫苗研制工作，其中美国、英国、加拿大、俄罗斯和中国都取得了很好的进展。目前研究的检测技术是否能够囊括差异，研制的疫

苗、抗体是否能够抵挡病毒快速变异，是人们重点关注且亟待解决的难点。聚焦毒株变异，及时更新流行病学资源，研发安全、高效、可控、稳定的疫苗和抗病毒药物，是后续需要全力开展的工作。

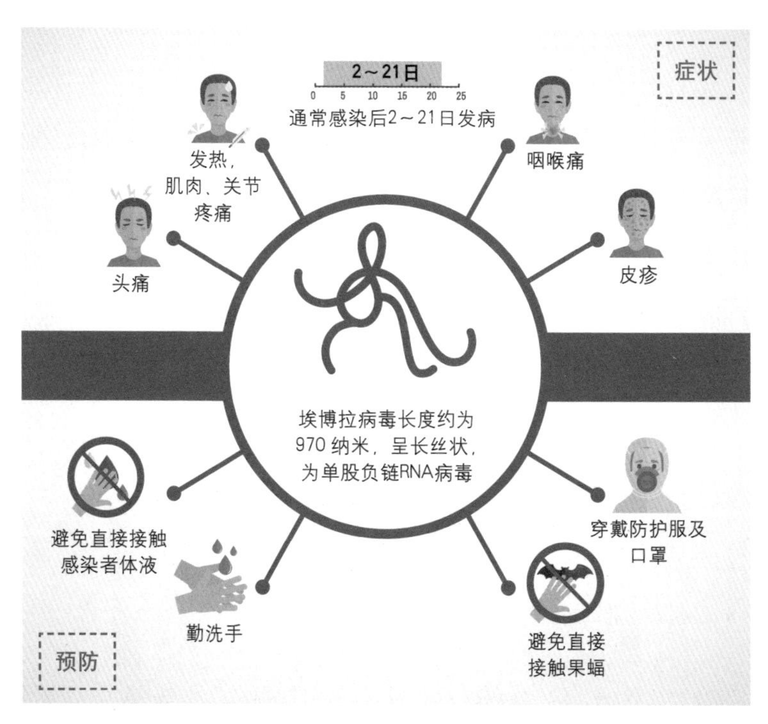

埃博拉病的症状及预防措施

天花的终结

天花是由天花病毒感染引发的死亡率很高的传染病。人被天花病毒感染后，会出现高烧、头痛等症状，脸部、手臂会出红疹且无特效药可治，患者痊愈后在皮肤上会留有疤痕（俗称"麻子"）。

天花曾肆虐全球。历史学家形容，18 世纪的欧洲，一个女人，只要没有麻子，就拥有不同寻常的美貌。18 世纪的亚洲，

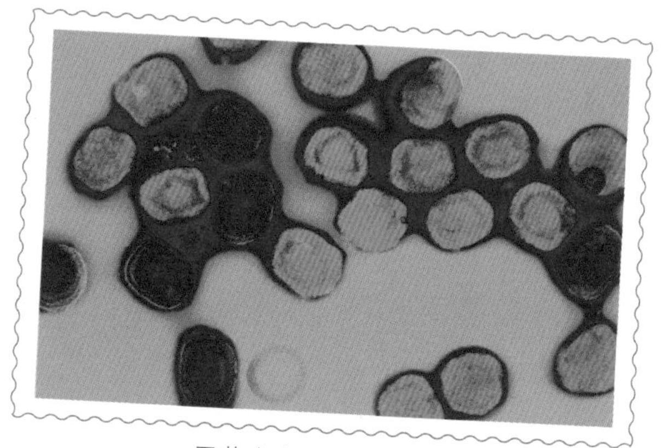

天花病毒复制速度很快。

每年被天花吞噬的人有 80 多万。

在中国明朝末年，鼠疫、天花先后在华北地区大肆流行，使得明军守城失败，李自成进入北京，不久李自成起义军被鼠疫、天花感染。清军攻城，李自成不得不退出北京。清军入关，顺治皇帝因天花而亡，因此清廷立下“没有出过天花的皇子不得被立为皇太子”的规定，以确保清朝皇权的稳定。

天花对人类社会的影响如此之大，人们也想方设法对抗天花。中国在宋代就有了痘疹接种术。据朱纯暇《痘疹定论》记载，宋真宗时，丞相王旦的几个孩子都患过痘疹，幼子王素出生后，为使其免疫，王旦聘请被称为神医的峨眉山道人为王素种痘疹，种痘后 7 天王素便发烧出痘，12 天便结疤，后来王素活了 67 岁，一生未得过天花。这种方法使当时天花的病死率下降，峨眉山这种痘疹法被世代继承传播，是世界公认的最早有文字记载的疫苗接种法。

人痘接种法的推广有效地保护了中国人民的健康，并很快传播到世界各地。尽管人痘接种法保护了许多人的生命，但是被接种的人仍然有约 2% 的死亡率，特别是儿童，危险性更大。

英国医生爱德华 · 詹纳找到了一种比人痘接种法更安全的方法。詹纳听说奶牛场有一种叫“牛痘”的瘟病，能使挤奶女工的双手受到感染，但通常感染过后，这些挤奶女工就不会再染上天花了。他由此受到启发：既然挤奶女工被牛痘感染后不会危及生命，而且以后也不会得天花，那么可不可以用牛痘代替危险的人痘接种呢？这只有经过实验才能知道。

正当詹纳找不到实验对象时，一位女士带着她8岁的儿子来到诊所，詹纳决定为这个孩子做人类第一次牛痘接种实验。1796年5月17日，詹纳从一位感染牛痘的挤奶女工手上的牛痘脓疱中，小心翼翼地取出痘苗，注入小男孩的手臂。第七天的时候，小男孩感觉腋窝很不舒服，第八天感觉依旧，到第九天，他出现了全身症状，但到了第十天，一切情况开始好转，随后症状逐渐消失。7月1日，詹纳又给身体已经痊愈的小男

描绘牛痘接种场景的绘画

孩接种了天花病毒，结果小男孩一点没有得病的迹象，他因为接种了牛痘而对天花产生了抵抗力。于是，世界上第一次人体接种牛痘的实验成功了。

詹纳又进行了一系列实验，仔细观察人接种人痘和牛痘的不同之处。牛痘除了没有致命的危险，具有较高的安全系数之外，另一个特点是接种后极少引起水疱，所以不会在接种者身上留下麻点。他将这一发现写成论文发表，其他的医生也纷纷开始尝试，均获成功，于是牛痘接种技术逐渐在英国及全世界推广开来。

1957 年，在世界卫生组织的倡导下，全球开展了种痘预防天花的行动。1979 年，全世界证实消灭了天花。1980 年，世界卫生组织正式宣布人类消灭了天花，同时在世界范围内停止了天花疫苗接种。这样，天花成为最早被彻底消灭的人类传染病。

病毒亦有益

- 噬菌体疗法
- 病毒来抗虫
- 攻克遗传病的『帮手』
- 癌的克星

从字面看，“病毒”就是使人生病，甚至死亡的毒物。的确，病毒给我们人类带来很多灾难，而且它们十分“狡猾”，难以对付，给人们留下坏印象。但是，病毒真的只会“捣蛋”，一点好事都不干吗？

癌的克星

癌症已经在中国人口死亡原因中名列首位，全世界范围内的癌症发病率也在迅速上升。手术切除以及放、化疗技术在改进和提高，疗效明显增强，但同时患者难免产生耐药性，出现病情复发的情况。随着生命科学、医学和相关技术的发展，癌症治疗已经出现新的局面。

1904 年，意大利一位妇女被诊断出子宫癌，之后又被狗咬伤，医生为她注射了狂犬疫苗。你是不是觉得她很倒霉？真是“屋漏偏逢连夜雨”，可是没想到，却是“柳暗花明又一村”。一段时间后，医生发现她身上大得不可思议的肿瘤消失了，直到 1912 年，她体内再未出现癌细胞。之后，一些患者也注射了这种减毒狂犬疫苗，肿瘤也减小了。虽然这些患者最终还是都死于癌症复发，但是人们因此发现用病毒可以治疗癌症，即现在的“溶瘤病毒疗法”。

溶瘤病毒是一类能专一感染并杀灭肿瘤细胞，又不破坏正常细胞的可复制病毒。具有溶瘤能力的天然病毒非常难得。1974年，日本科学家采用无致病能力的腮腺炎病毒，治疗了90位癌症患者，其中37位患者的肿瘤出现退化现象。

病毒攻击细胞具有选择性，有一些病毒可以攻击、杀伤癌细胞，而不会伤害正常细胞。这些病毒在癌细胞内大量复制、释放，使癌细胞破碎、溶解，释放的病毒则可以发动更大规模的攻击。有的病毒还可以调控癌细胞，使其“自杀”。

科学家发现溶瘤病毒可以作用于突变产生的不同癌细胞，清除多种类型的癌细胞。溶瘤病毒还能感染癌组织血管细胞，使得免疫细胞集中于血管部位，造成血管堵塞，致使癌组织坏死。

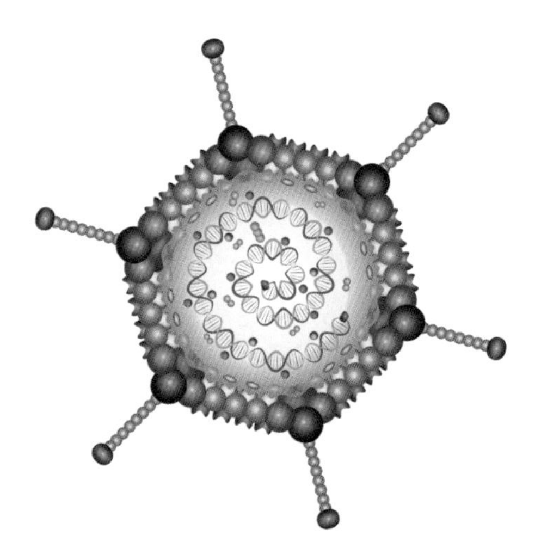

腺病毒是一种溶瘤病毒。

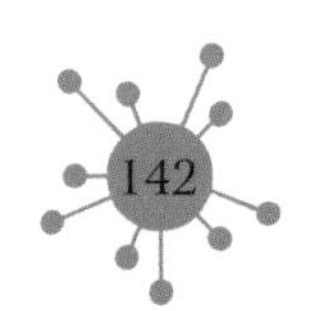

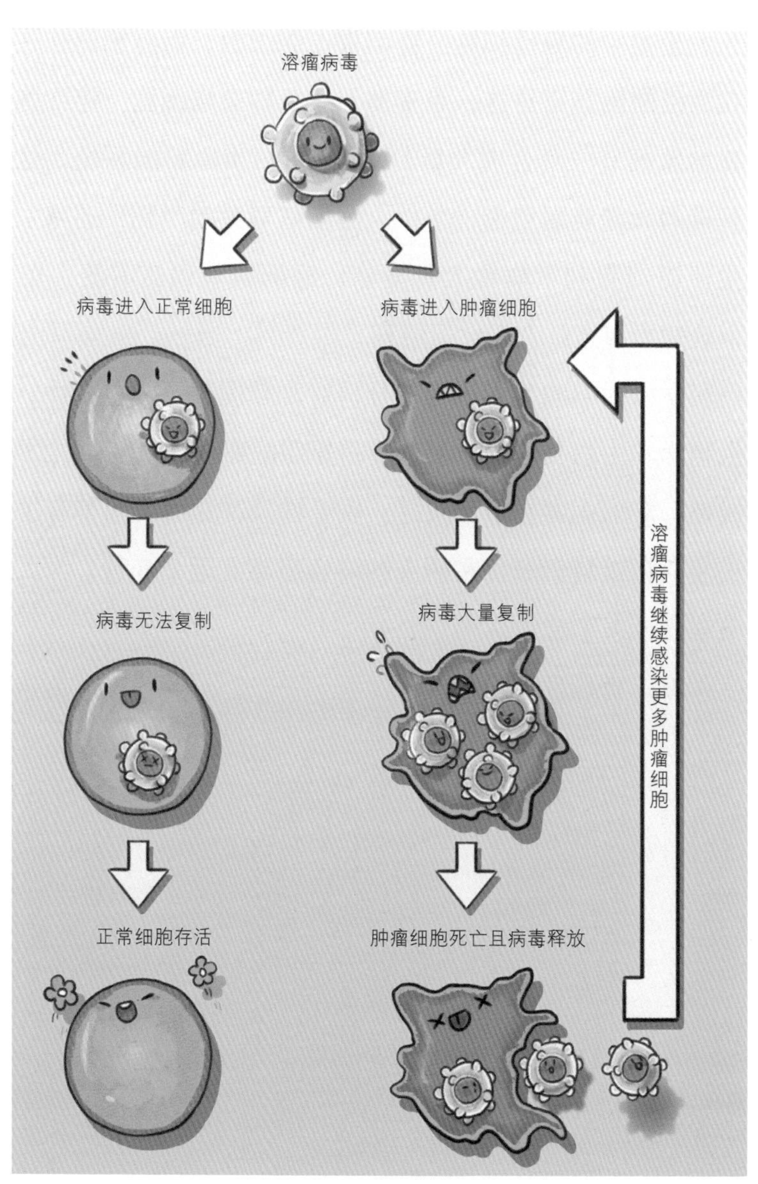
溶瘤病毒
病毒进入正常细胞
病毒进入肿瘤细胞
病毒无法复制
病毒大量复制
正常细胞存活
肿瘤细胞死亡且病毒释放
溶瘤病毒继续感染更多肿瘤细胞

溶瘤病毒疗法原理

大量集中的免疫细胞会群起攻击癌细胞，而癌细胞往往都存在免疫缺陷，正是这一点有助于病毒感染癌细胞。癌细胞为疯狂增殖拥有一套合成大量DNA和蛋白质原料的系统，这也为病毒的大量复制创造了条件。癌细胞可关闭“死亡通路”而永生，但却有利于病毒大量复制。癌细胞表面带有更多的受体，为病毒与之结合提供了便利。

科学家对溶瘤病毒进行充分研究，掌握了它们的特性，分子生物学和生物技术的发展，使得重组病毒基因组改造技术逐渐成熟，溶瘤病毒在溶瘤效果、安全性及特异性方面都有了显著进步。目前科学家正在研究的溶瘤病毒有近200种，为人类征服癌症带来了希望。

你看，病毒也会干好事吧。

攻克遗传病的“帮手”

人类有 4000 多种遗传病，大约每 100 名婴儿中就有 1 名患有某种先天遗传缺陷病。几乎所有遗传病的治疗费用都比较高，而且大多需要终身治疗，输血过程存在感染风险和其他副作用。

随着分子生物学、人类基因组学、代谢组学的发展和基因操作技术的成熟，通过修饰、改造、更换、编辑活细胞内的遗传物质，预防和治疗遗传病已成为可能，如利用健康基因来填补或替代引起疾病的缺失或病变基因。最理想的是用正常基因原位取代缺陷基因的直接疗法，但难度较大，这种疗法虽然已有一定进展，但目前尚未实现应用。退而求其次，加入正常基因，使正常基因与致病基因共存的间接疗法，较直接疗法难度小，现在已付诸临床实践。

这种间接疗法是先将用于治疗的目的基因转到载体上，现在一般是使用具有感染性却无毒性的病毒，例如反转录病毒。

构建好带有目的基因的病毒后，用其感染从患者体内分离出的细胞，这样目的基因就可以整合到细胞核上进行表达，产生可以治疗基因病的物质，从而达到治疗目的。

经过科学家反复实验，不断完善、改进相关技术，验证此种疗法在动物身上有效后，再经有关权威管理部门批准，基因疗法才可以在人体上进行试验。经过三期临床试验证明有效，基因疗法才可以被批准正式用于临床治疗。

2002 年，法国医生以反转录病毒为载体，为 20 名患有重症联合免疫缺陷病的儿童进行基因治疗，11 名儿童治疗成

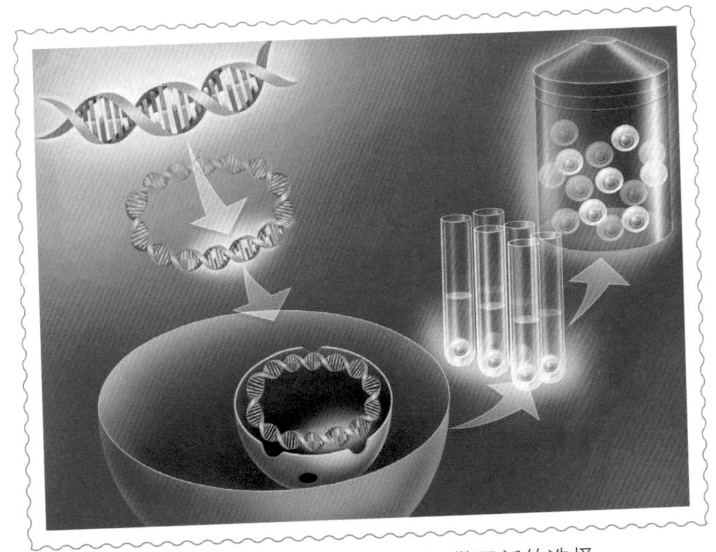

基因疗法为人们治疗遗传病提供了新的选择。

功，5 名儿童被检查出患上白血病，1 例死亡。有关专家认为这些失败病例是由于治疗基因插入 DNA 位点有问题。这立刻引起各国科学家的广泛关注和思考。

人类实际拥有的基因数目远小于我们预想的数目。人类的基因数目相对人体精细而繁杂的功能而言是如此之少，这就意味着我们的基因必须“身兼数职”，通过重排其编码序列，和其他基因片段进行重组，实现多种转录产物的产生。

治疗基因插入反转录酶病毒载体，再进入患者细胞中与 DNA 结合。这些病毒载体虽经过处理可防止感染，但无法控制在 DNA 上的插入位置。因此人们担心病毒载体会破坏人体重要基因，导致“插入型突变”。如果被破坏的是负责调控细胞生长和分裂的基因，就会产生癌症。

也有人认为不能排除有些病人是后发癌症的可能，因为此前基因治疗并没有发生过类似问题。是否可通过改造反转录酶病毒来减少插入变异的风险呢？可行的办法是给载体病毒安上“自杀”基因，用特定抗病毒药物让病毒“自杀”，将癌症消灭在萌芽阶段。

从此人们开始冷静下来思考，对临床试验进行评估，提出关键问题进行研究，使得基因治疗从狂热化转入理性化的正常轨道。

科学家在寻找更好的基因载体的过程中，甚至将目光对准了大家既恨又怕的人类免疫缺陷病毒，即艾滋病病毒。它具有强大的基因装载能力，通过改造，去除致病基因，使之不发病、不感染、可避开免疫系统、不会干扰原癌基因，这个可恨的病毒“改邪归正”，可用作基因治疗的载体。人们现已开展多项临床试验，如将其用于肾上腺脑白质营养不良的治疗和化疗无效的白血病治疗。

目前，基因治疗的对象已从最初的单基因缺陷病发展到帕金森综合征、心脏病和艾滋病，其中大约三分之二的临床试验是针对癌症的。美国费城杰弗逊医学院的研究人员，已经成功地在动物身上实现了用基因治疗的方法预防胃癌。科学家的下一个目标是进行口服基因试剂的试验。目前，科学家已经发现了 26 种可抑制不同癌细胞的新基因。基因疗法将逐渐成为某些疾病的主流疗法，也为另一些疾病的治疗提供新的选择。

病毒来抗虫

不管哪一类病毒，侵入生物体内寄生，都会给宿主带来伤害，甚至致其死亡。但是从维护人类利益角度出发，人们就可以利用病毒杀死或控制某些“有害生物”，为我们人类谋好处。比如有些昆虫对我们的生活健康和农业、林业、畜牧业等造成危害，我们就会想各种方法来防治“害虫”，昆虫病毒就是一款独到的“杀虫剂”。

昆虫病毒的特点是宿主专一，一种病毒通常只感染一种昆虫，对人、畜和其他动物都比较安全，不会对生态环境造成破坏。使用后病毒有可能会长期存在于农林生态系统中，作为一类被引入的生态因子，起到调节“害虫”种群密度和数量的作用。昆虫病毒杀虫剂与其他农药相比，关键差异就是能在“害虫”种群中形成“虫瘟”，具有专一、持效、不易产生抗性、使用方便、安全高效等特点。

19 世纪末，德国利用昆虫核型多角体病毒防治模毒蛾研究

遭受虫害的农作物

成功。20 世纪 40 年代，加拿大的松针黄叶蜂危害严重，人工防治效果不太理想，直到人们从欧洲引入其天敌姬蜂，并将核型多角体病毒引入，才使松针黄叶蜂的危害基本得到控制。60 年代初，美国利用棉铃虫核型多角体病毒防治棉花、玉米、高粱、大豆、番茄等多种作物的“害虫”，取得较好的效果，并实现了昆虫病毒的商品化。

中国自 20 世纪 70 年代以来，在昆虫病毒方面相继开展大量研究，已成功研制出棉铃虫核型多角体病毒、斜纹夜蛾核型多角体病毒、甜菜夜蛾核型多角体病毒等多种昆虫病毒杀虫剂，并实现了其商业化。昆虫病毒成为中国农、林业控制昆虫种群的重要手段。

噬菌体疗法

你已经知道抗生素是能帮助人类对抗疾病的重要药物，但你知道吗？抗生素既可能是救命的药，还可能是害人的药。比如将庆大霉素、阿米卡星用在小孩身上会引发耳聋，这类抗生素在成年人身上使用不当还会导致肾脏出现问题；给患者大量使用大环内酯类的四环素会造成肝脏损害，给小孩使用会影响牙齿和骨骼的发育。

人们既不能乱用抗生素，也不能滥用抗生素。抗生素被滥用使其治疗效果越来越差，造成致病菌对抗生素产生耐药性或抗药性，乃至出现什么抗生素都不怕的超级细菌，将来甚至可能出现对致病菌束手无策的局面。人们对抗生素的使用出现了危机，使人类的健康又一次受到了严重的威胁，这成为21世纪超级重要的公共健康议题之一。

那么人类该怎么办呢？一方面，人们在研发新型抗生素；另一方面，人们在不断地寻找新的抗病原体药物，有的人将目光对准了噬菌体。

其实，早在抗生素“独占鳌头”之前，就出现了用噬菌体为患者治病的方法。1921 年，曾发现噬菌体并为其命名的加拿大细菌学家德赫雷尔，用痢疾杆菌噬菌体治疗了几位痢疾患者，他们在一天之内康复。于是德赫雷尔像着迷一样开始对噬菌体疗法进行研究。他使用各种噬菌体制剂治疗印度的霍乱和淋巴腺鼠疫患者数千人。同年，噬菌体制剂被用于治疗葡萄球菌引起的皮肤感染。此后，噬菌体疗法被广泛应用于耳喉科、口腔科、眼科、皮肤科、儿科及肺部疾病等的治疗。

1921～1940 年，用噬菌体治疗细菌感染的研究热火朝天，但也出现结果不一致的问题。此时抗生素出现了，后来居上，导致人们对噬菌体疗法的兴趣逐渐消退。而到了 21 世纪，抗生素使用的危机日益严峻，现在亟须发展新型抗病原体的药物，噬菌体由于具有独特优势，又成为人们关注的重点。

噬菌体分为烈性噬菌体和温和性噬菌体，前者可在宿主细胞内复制，并使之裂解，亦称为毒性噬菌体；后者侵入细胞后，不进行复制，而是将噬菌体基因整合到宿主的 DNA 上，随宿主 DNA 的复制而进行同步复制，在一般情况下不会引起宿主细胞裂解，某些特殊情况除外。

噬菌体由于直接破坏细菌的代谢，使细菌裂解，在细菌体

内不易产生耐药性。噬菌体具有高度专一性，一种噬菌体基本只对一种细菌有效，对机体没有明显的毒副作用。用噬菌体治病能够避免伤害肠道菌群，防止菌群失衡，保持机体的正常免疫力。因此噬菌体被认为是替代抗生素的一种安全、有效、有潜力的微生态制剂。

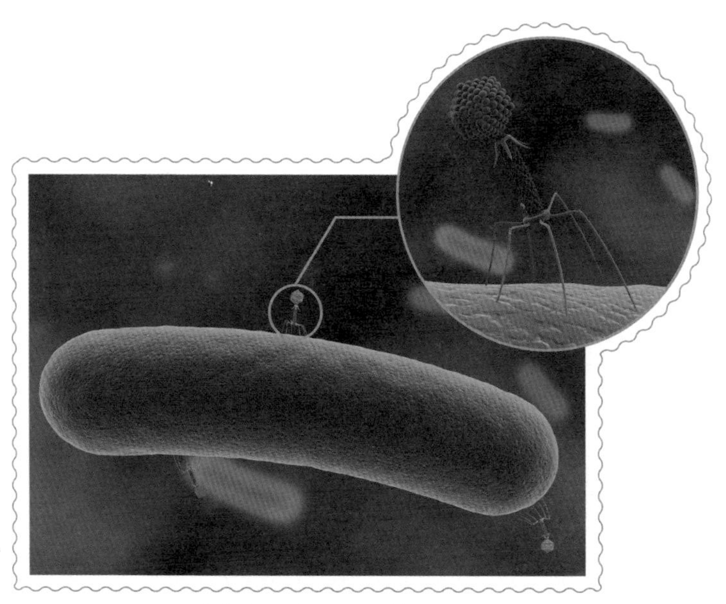

噬菌体正在侵入细菌。

冠状病毒惹的祸

· 为什么蝙蝠不生病
· 中东呼吸综合征
·『非典』的由来
· 冠状病毒家史

“非典”、中东呼吸综合征以及常见的一些流感，这些你都不陌生，但你未必知道这些传染病都是由冠状病毒感染造成的。直到 2019 年底，新冠肺炎疫情暴发，大大影响了全球人民的生命健康和经济发展，冠状病毒才真的“火了”。

冠状病毒家史

病毒千千万，冠状病毒只是病毒大家族中的一个种群。人们在冠状病毒种群中发现有七个是致病病毒，其中有两个感染人后会引发普通流感，一个能引发幼儿急性下呼吸道感染，另一个可造成人急性呼吸道感染，而剩下的“三巨头”分别就是造成“非典”的SARS病毒、造成中东呼吸综合征的MERS病毒和造成新型冠状病毒肺炎（简称新冠肺炎）的2019新型冠状病毒（简称新冠病毒）。

历史上最早记载与冠状病毒感染相关的是1912年的猫传染性腹膜炎。1937年，人们从小鸡体内第一次分离到了冠状病毒。1965年，科学家将1961年的冻存标本样品接种到细胞内培养，但未成功；再将其接种到鸡胚中，又失败了。最后，他们用这些标本感染人体细胞，发现了一种不耐乙醚的病毒。又经多次人体试验和干扰试验，人们终于将病毒成功分离。当时，病毒被命名为B814。

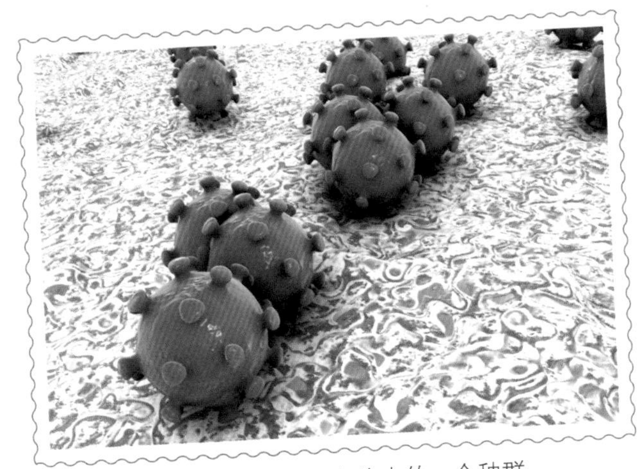

冠状病毒是病毒大家族中的一个种群。

1967年，科学家用电子显微镜观察了这些新病毒，发现这些病毒是一种有包膜的RNA病毒，呈不规则的圆形或类圆形，平均直径约100纳米，外观形态很像日冕。1968年，这类病毒被定名为Coron-avirus，中文译为冠状病毒。

1975年，科学家从腹泻病人的粪便中分离出第二种引起人类疾病的冠状病毒。为了与以前从感冒患者呼吸道中分离到的冠状病毒相区别，这两种病毒分别被命名为人呼吸道冠状病毒和人肠道冠状病毒。

直到2003年，在人体内发现的冠状病毒只有两种，都是在20世纪60年代被发现的，一个被称为HCoV-229E，另一个被称为HCoV-OC43。这两种病毒都比较“温顺”，顶多会

导致轻微的呼吸道疾病。

2003 年，SARS 病毒的出现，改变了人们对冠状病毒的看法。当时被称为“新型冠状病毒”的 SARS 病毒，在极短的时间内，传播到全球 30 多个国家。SARS 病毒之后，又相继有两种冠状病毒在人体中被发现，即 HCoV-NL63 和 HCoV-HKU1。

2004 年，荷兰阿姆斯特丹大学的研究人员在 7 个月大的女婴的呼吸道中发现了新的冠状病毒，并将其命名为 HCoV-NL63。此后，多个国家在急性呼吸道感染的儿童体内均发现过冠状病毒，其“毒性”远比不上 SARS 病毒，但对特定人群可能有严重危害。

HCoV-HKU1 是 2005 年在香港大学发现的，其在人群中的感染率明显低于其他呼吸道冠状病毒，患者的症状也相对轻微。但对于有基础疾病和免疫抑制的患者，这种冠状病毒会加重他们的症状并引起严重的呼吸道疾病。

在人体中发现的第六个冠状病毒就是 HCoV-EMC，即 MERS 病毒。2012 年 9 月 24 日，世界卫生组织报告称，人们在中东地区一个患有急性呼吸道疾病的病人身上，发现了一种新的冠状病毒——MERS 病毒。中东呼吸综合征病人的临床表现为急性呼吸道感染和肾功能衰竭，死亡率极高。

目前，冠状病毒科共分为 α、β、γ、δ 四个属，其中

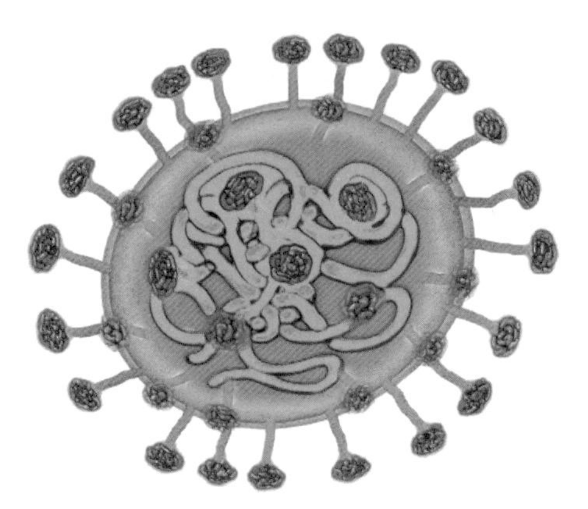

冠状病毒长得像“王冠”，是RNA病毒。

β 属冠状病毒又可分为 A、B、C、D 四个独立的亚群。2019 新型冠状病毒与 2003 年引发非典型肺炎的 SARS 病毒同属 β 属 B 亚群。到目前为止，除 SARS 病毒和 MERS 病毒外的其他四种冠状病毒较为常见，一般只引起类似普通感冒的鼻塞、打喷嚏等轻微呼吸道症状。而 SARS 病毒和 MERS 病毒可以引起严重的呼吸系统疾病。

“非典”的由来

2002年12月5日，在深圳打工的广东省河源市人黄某某感觉不舒服，像是得了风寒感冒。到8日，他感觉在当地诊所的治疗效果不好，就到深圳医院打针，但一直不好。他回到河源市治病，几天后，比在深圳时的症状又严重了一些，16日晚上10点多钟他被送到河源市人民医院，第二天病情加剧，呼吸困难，他被送到原广州军区总医院。

2003年1月2日，河源市将有关情况报告省卫生厅，不久中山市同时出现了几起医护人员受到感染的病例。广东省派出专家调查小组到中山市调查，并在1月23日向全省各卫生医疗单位下发了调查报告，要求有关单位提起重视，认真抓好该病的预防控制工作。

2月10日，中国政府将广东省病例情况通知了世界卫生组织。3月12日，世界卫生组织发出了全球警告，建议隔离治疗疑似病例。3月15日，世界卫生组织正式将该病命名为重症急性呼吸综合征，英文简写为“SARS”，中国又称之为非典型肺炎（简称“非典”）。

在这之后，“非典”疫情在世界很多地方出现了，从东南亚传播到澳大利亚、欧洲和北美。印尼、菲律宾、新加坡、泰国、越南、美国、加拿大等国家都陆续出现了多起病例。

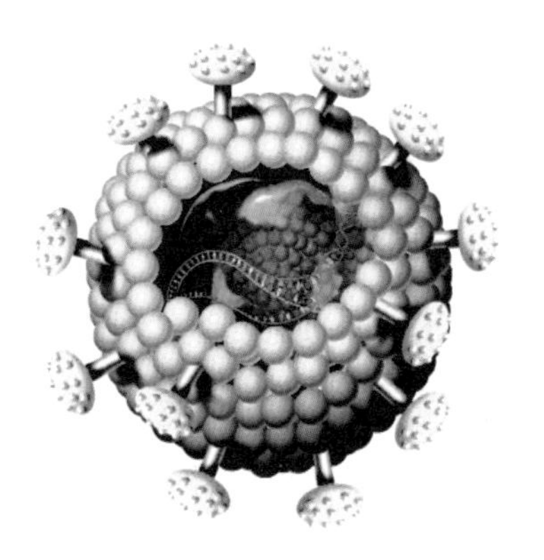

SARS 病毒表面有包膜。

引发“非典”疫情的罪魁祸首是SARS病毒，是一种直径为60～220纳米的不规则病毒颗粒，有包膜，表面有梅花形的膜粒，一种是S-蛋白，负责识别细胞抗原并与之结合，另一种是M-蛋白，具有溶解宿主细胞膜的作用，使病毒侵入宿主细胞。

SARS病毒离开活宿主细胞后生存时间较短，一般约3小时，在尿液和血液中至少可存活15天，在痰液和粪便中能存

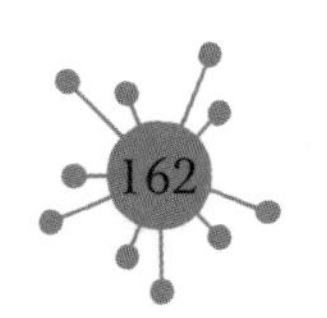

活 5 天以上，在塑料、玻璃、金属、布料、复印纸等多种物质表面可存活 2~3 天。SARS 病毒对温度、紫外线和有机溶剂敏感，75 摄氏度加热 30 分钟左右，紫外线照射 60 分钟左右，75% 乙醇或含氯消毒剂处理 5 分钟左右，均可使病毒灭活。消毒、隔离和避免与感染者接触是防控 SARS 病毒感染的有力措施。“非典”流行时就像新冠肺炎疫情期间一样，许多学校停课，孩子们在家学习。

一旦感染，病毒先在人的上呼吸道黏膜上皮细胞大量复制，然后进入下呼吸道黏膜及肺泡上皮细胞内复制，导致细胞坏死。SARS 病毒侵染会激发人体免疫系统的攻击，人体免疫系统除了吞噬病毒，还会产生各种酶类、细胞因子和过氧化

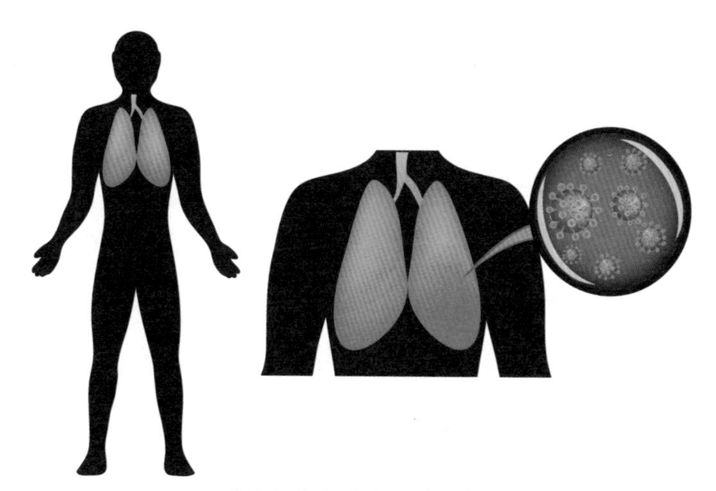

SARS 病毒感染人的肺部。

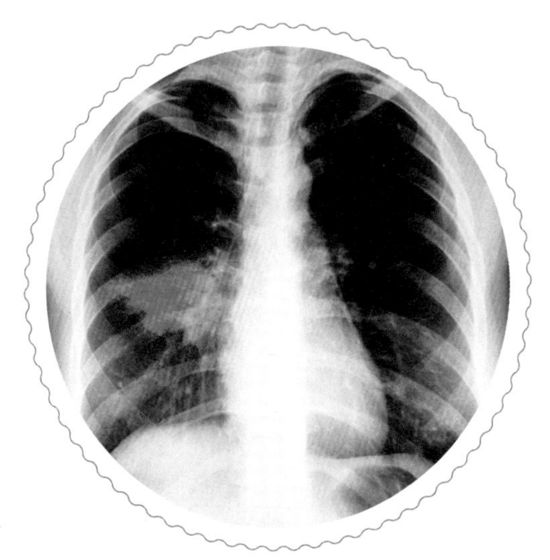

非典型肺炎患者肺部 X 光图像

物，这些物质也会对组织细胞造成损伤。

发病初期，患者出现头痛、关节酸痛、肌肉酸痛、乏力、腹泻、咳嗽、胸闷、畏寒等症状。由于前期症状与普通感冒类似，人们不易发现感染。严重者可出现呼吸加速、气促或呼吸窘迫等症状。这种疾病传染性强，死亡率高。

“非典”疫情从暴发到结束，历时半年多，好在它消失后没有再出现。虽然科学家针对 SARS 病毒的疫苗和特效药进行了大量研究，但因没有患者，无法进行临床试验，也就无法证明它们是否有效，因此到现在还没有预防“非典”的疫苗和用于治疗的特效药。

中东呼吸综合征

2012 年 6 月 13 日，沙特阿拉伯吉达的一名 60 岁男子因为发烧、咳嗽和气短入院，11 天之后因呼吸衰竭和肾衰竭而死亡。患者的病毒样本被送去进行基因检测，人们发现它是一种以前从没有见过的冠状病毒。

2012 年 9 月，出现第 2 例感染者，为一名 49 岁的卡塔尔人，他曾到沙特阿拉伯旅行。11 月起，沙特卫生部开始频繁报告这种病毒的感染病例。

2013 年 2 月，英国确认了此种病毒的首例患者。这是一名 60 岁的男子，他在两个月前曾到巴基斯坦和沙特旅游，在沙特开始发病。医生发现，他同时还感染了 H1N1 流感，病情严重。几天之后，他的两位亲属被传染，证明该病可出现家族聚集性传染。

2013 年 5 月 12 日，世界卫生组织的官员表示，这种病毒可以人传人，不过只是在长时间接触的情况下才会发生。5 月

23日，世界卫生组织将这种冠状病毒正式命名为中东呼吸综合征冠状病毒（MERS-CoV）。

韩国自2013年5月20日发现首例确诊患者，一个月内疫情在韩国迅速扩散。韩国成为继沙特阿拉伯之后的全球第二大中东呼吸综合征发病国。

2015年5月29日，中国广东省惠州市出现首例输入性中东呼吸综合征确诊病例。患者为韩国人，在韩国时与中东呼吸综合征患者有过密切接触，5月21日在韩国境内出现不适，26日乘坐飞机抵达香港，经深圳入境抵达惠州。广东省卫生计生委根据世界卫生组织的通报信息和国家卫生计生委的指示，要求惠州市立即核查，并派出专家组赶到惠州现场，连夜开展流行病学调查、采样等相关工作。惠州市卫生计生部门于5月28日凌晨2时将这名韩国男子转送至定点医院进行隔离治疗，并对其密切接触者就地隔离观察，检测样本于当天上午经广东省疾控中心检测后被送往中国疾控中心复核。幸好，由于及时采取隔离治疗措施，中东呼吸综合征未能在中国流行。

中东呼吸综合征在韩国流行之后，在世界各国偶有发生，但没有大量流行。虽然中东呼吸综合征在英国、德国、法国、意大利、希腊、突尼斯、韩国及菲律宾等地有所发现，但其中约高达97.8%的病例来自中东。2017年底，疫情在世界上的

流行基本结束，世界卫生组织报道共有 1952 人感染，其中 693 人死亡，死亡率 36%。

感染引发中东呼吸综合征的 MERS 病毒，是第六种已知的能够感染人类的冠状病毒，也是过去 10 年里被分离出来的第三种冠状病毒。经研究，这种病毒的源头宿主为蝙蝠，而单峰驼是其中间宿主。人通过与患病骆驼接触而感染发病。MERS 病毒从动物到人的传播途径并不完全清楚。人与人之间则可通过无防护密切接触进行传播，包括近距离呼吸道飞沫传播，接触骆驼或患者的排泄物和污染物。

中东呼吸综合征的潜伏期为 7～14 天，临床表现以急性呼吸道感染为主。患者起病急，高热，体温可达 40 摄氏度，伴

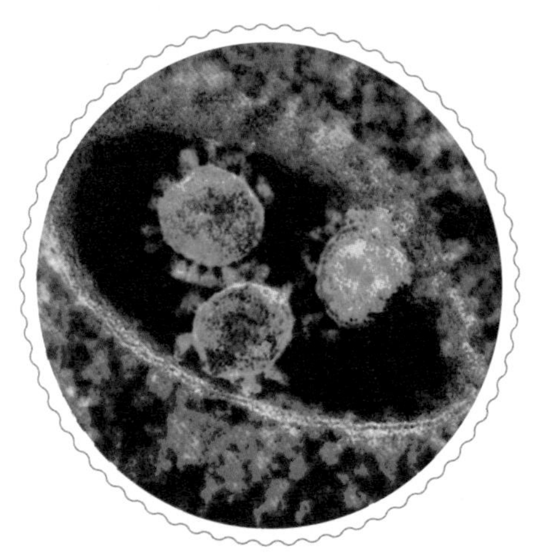

MERS 病毒的电子显微图

有畏寒、寒战、咳嗽、胸痛、头痛、全身肌肉关节酸痛、乏力和食欲减退等症状。在肺炎基础上，临床病变进展迅速，患者会很快发展为呼吸衰竭、急性呼吸窘迫综合征或多器官功能衰竭，特别是急性肾功能衰竭，甚至危及生命，死亡率约30%。

到目前为止，尚无针对MERS病毒的特异性治疗药物、治疗措施和疫苗，主要是支持治疗。预防感染的重要措施是常洗手，不要用脏手接触口、鼻、眼睛；避免接触患者；从阿拉伯半岛旅行回来14天内若出现发热、咳嗽或气促时要及时就诊。另外，要注意食品安全，进食煮熟食物和密封饮料，避免接触动物。

由于采取严密的防控措施，MERS病毒未能在世界范围内大规模流行。

为什么蝙蝠不生病

蝙蝠是我们这个地球上唯一有飞翔能力的哺乳动物。蝙蝠基本遍布全世界，但由于是夜行动物，蝙蝠实际上与人类的接触很少。

蝙蝠听觉敏锐，多数还具有听觉定向或回声定位系统。大多数蝙蝠以昆虫为食，因此在昆虫繁殖平衡中起着重要作用，有助于控制“害虫”。有些蝙蝠以果实、花粉、花蜜为食，能帮植物传粉，助其繁衍后代。蝙蝠是生物链中重要的一环，在生态系统中起着重要的作用，如果少了这一环，整个生态系统的平衡很有可能会被打乱。

有研究资料指出，蝙蝠身上携带有上千种病毒，其中近百种与人类传染病有关，其中就包括 2019 新型冠状病毒、SARS 病毒、MERS 病毒、埃博拉病毒、狂犬病毒、尔堡病毒等。而蝙蝠身上之所以会携带如此多的病毒，大概与野生动物的进化有关，这样才能够在环境恶劣的自然界中生存下来。

栖息在洞穴中的蝙蝠

你是不是很好奇：蝙蝠既然带有这么多的病毒，为什么它们自己却很少发病呢？

当人类染上病毒后，免疫系统对抗感染的第一步反应就是炎症反应，发烧是其典型症状。虽然炎症反应有助于对抗感染，但也有证据表明，它导致传染病造成的损伤更加严重，也易加速衰老和引发年龄相关性疾病。而当人体免疫系统过于“激动”时，它也会“敌我不分”，在杀死病毒的同时杀死正常细胞，最终导致患者死亡。

蝙蝠就不同了，科学家经基因测序发现，蝙蝠的免疫系统

的反应能力较弱，当病毒来袭时，蝙蝠的免疫系统并不会像人体免疫系统那样迅速反应，蝙蝠就不会因为发烧等反应而死亡。

科学家研究发现，蝙蝠体内能够引发炎症的物质发生了变异，导致其蛋白活性下降。这表明蝙蝠并非拥有超强的抗感染能力，而是对感染有着更高的耐受能力。换言之，蝙蝠身体的炎症反应的削弱使它们获得更强的生存能力。

另外人们还发现，蝙蝠体内的干扰素一直处在活跃状态。干扰素是动物细胞在受到某些病毒感染后分泌的一种物质，具有抗病毒功能，能够促使其他细胞合成抗病毒蛋白，防止进一步感染。无论蝙蝠是否被感染，它们体内一直充满着活跃的干扰素，让它们的免疫系统保持高度警觉。

由于在生理上存在这样的特性，因此蝙蝠不惧怕病毒感染，能够和病毒相安无事。在自然界为了生存，多种生物都具有自我保护的高招，这是生物为适应环境演化的结果。

细说新冠病毒

- 如何预防新冠病毒
- 举国抗疫
- 『狡猾』的新冠病毒
- 新冠病毒的身世

起起伏伏的新冠疫情让人们“谈毒色变”。其实，新冠病毒固然厉害，但人没必要害怕它。所谓“知己知彼，百战不殆”，随着对它的认识逐步加深，人们就越有信心战胜它。接下来就带你看看新冠病毒到底是怎么回事。

新冠病毒的身世

2019 年 12 月 8 日，在武汉市一所医院，医生发现一位肺炎患者的肺部透视影像与普通肺炎患者的不同，及时上报到武汉市卫健委。之后，武汉市又陆续出现同样的患者，随即开展流感及相关疾病监测调查，发现病毒性肺炎病例 27 例，上报到国家卫健委。

2020 年 1 月 3 日开始，中国大陆定期与中国港澳台地区及世界卫生组织、有关国家和地区及时主动地通报疫情。相关科研单位开展病毒分离工作，发现这是一种不同于 SARS 病毒的新型冠状病毒，世界卫生组织将其命名为 2019 新型冠状病毒。完成新冠病毒基因测序后，中国于 1 月 11 日向世界公开测序结果，同世界各国分享科研成果。

事实上，早在武汉疫情暴发之前，世界已有多地检测到新冠病毒并发现感染者，如日本、美国、西班牙。巴西、法国、英国、意大利等地的研究者也发现，新冠病毒早就已经在一些国家和地区存在并传播，因此才会造成世界性的广泛暴发的疫情。

科学家研究发现，新冠病毒为单股正链 RNA 包膜病毒。科学家将新冠病毒的基因序列与其他冠状病毒及相似病毒的基因序列进行比较，发现新冠病毒与蝙蝠携带的冠状病毒比较接近。新冠病毒与 SARS 病毒及 MERS 病毒均属于冠状病毒。基因序列比较分析表明，新冠病毒与 SARS 病毒同属于一个种，两者基因序列相似度为 79% 左右，基因差距较大，两者是有共同祖先的两个分支；新冠病毒与 MERS 病毒基因序列相似度只有约 50%，相差更大，属于两个不同种。

2020 年 3 月初，中国科研团队发现，新冠病毒已产生了 149 个突变点，并演化出了两个亚型，分别是 L 亚型和 S 亚型。研究发现，从地域分布及在人群中的比例来看，这两个亚型表现出了很大差异。其中 S 亚型是相对更古老的版本，而 L 亚型更具侵染性，传染力更强。到 2021 年底，国际上发现新冠病毒已经突变 320 多次，拉姆达和奥密克戎变异株虽然毒性和致病性有所降低，但是传染性更强，尤其是奥密克戎毒株的传染性比拉姆达毒株还

要强30%。奥密克戎毒株致病性相对较低，造成大量的无症状感染者，导致更大规模的传染，加大了人们对它的防范难度。

研究者将穿山甲携带的冠状病毒的全基因组序列，与新冠病毒、两种蝙蝠SARS样冠状病毒、蝙蝠样冠状病毒四种病毒的全基因组序列进行了对比分析，发现蝙蝠样冠状病毒是目前与新冠病毒最接近的病毒，相似度约为96%。除S基因外，穿山甲冠状病毒与新冠病毒和另外三种冠状病毒的全基因组序列，相似度达80%~98%。穿山甲病毒与新冠病毒的全基因组序列相似度约为90.3%。在基因组的部分区域，穿山甲冠状病毒与两种蝙蝠SARS样冠状病毒更为接近，而基因的其余部分则更类似于新冠病毒或蝙蝠样冠状病毒。新冠病毒的S基因与穿山甲冠状病毒的S基因氨基酸相似度高达约90.4%。相比于穿山甲冠状病毒，新冠病毒又与蝙蝠样冠状病毒亲缘关系更近。

这些情况表明，冠状病毒广泛存在于许多物种之间，如果人类密切接触或伤害野生动物，野生动物就有可能把病毒传染给人类。因此，保护好环境和其他生物才能保护好人类自己。

新冠病毒溯源是个严肃的科学问题，目前尚无定论。相信随着世界各国科学家的共同努力，新冠病毒起源之谜终究会被破解。

“狡猾”的新冠病毒

新冠病毒为何如此难缠？你看看它有多少小“花招”。新冠病毒侵入宿主细胞后，脱掉衣壳释放出RNA，贴合到宿主细胞核上，调动宿主细胞合成其所需的各种“零配件”，组装成大量的新一代病毒。释放的新病毒再感染健康的宿主细胞，再复制更多的病毒。有实验表明，病毒入侵宿主细胞6个小时后，就可产生上万个病毒。病毒就这样一代一代地不断侵染、复制，大量的宿主细胞被破坏。

入侵的新冠病毒基因可以“绑架”宿主细胞的基因，使其停止正常的活动，为病毒复制而服务。病毒甚至会假冒宿主细胞基因“发号施令”，除了进行自我复制，还会产生对宿主细胞有害的物质，使宿主细胞受到伤害。

新冠病毒侵入人体内，就会惊动免疫系统，机体会产生大量的巨噬细胞，吞噬被病毒侵染和坏死的细胞。为了帮助消灭入侵病毒，巨噬细胞还会释放多种酶、细胞因子和过氧化物，

它们能够分解、破坏病毒及其复制产生的各样“垃圾”。这些物质虽然会攻击病毒和被侵染的细胞，但是它们不能识别“敌我”，也会给健康细胞造成不良影响，可能引起炎症，使患者病情加重。新冠肺炎中后期，患者体内病毒已经不多，但病情急剧加重和恶化，都与此有关。这就相当于新冠病毒“绑架”了宿主细胞，在免疫细胞的攻击之下，要死一起死，可见新冠病毒的恶毒。在免疫细胞与入侵病毒“作战”时，人会发烧，这有助于消灭病毒。如果患者免疫系统足够强大，入侵病毒会很快被消灭；如果入侵病毒量大或患者免疫系统弱，就会延长病期或加重病情。

新冠病毒感染引发的病情复杂，感染者有无症状、轻微症状、一般症状、重症等之分，均具有传染性。无症状患者因为自己没有感觉，以为自己还健康，于是自己不注意，也不易被发现，容易成为病毒传播者。新冠病毒感染初期患者症状不明显，若出现呼吸道感染症状如咳嗽、流涕、咽喉痛、发热等，应居家隔离休息、观察，并及时做核酸检测，若是检测结果呈阳性，必须进行隔离，一旦持续发热不退或症状加重时应及早就医。

约有半数感染者在发病 3～5 天后出现胸闷、呼吸困难的症状，严重者可快速发展为急性呼吸窘迫综合征，其肺脏深层

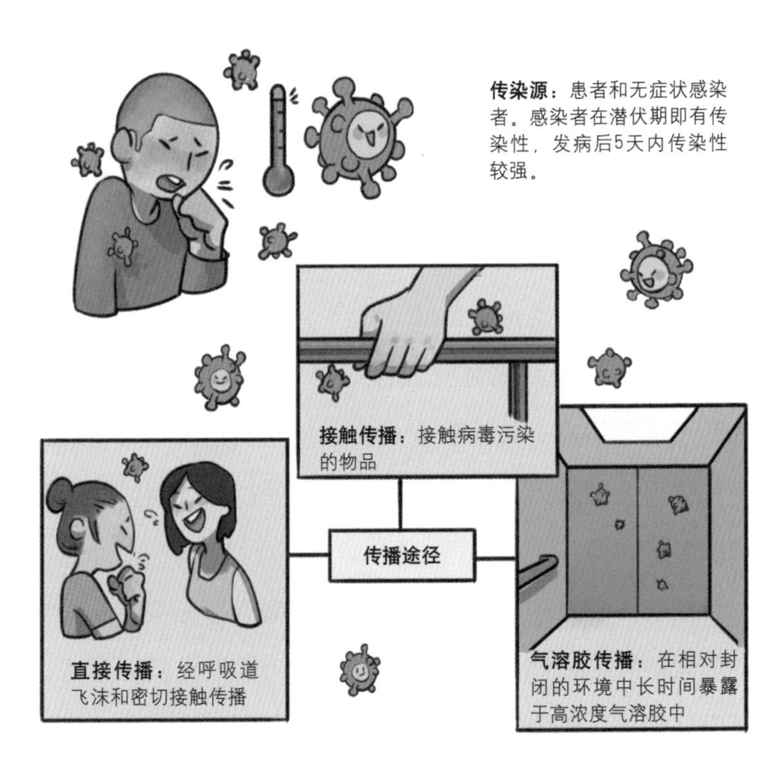

新冠肺炎的流行病学特点

部位集聚大量痰液，阻碍氧气吸收，造成严重缺氧。患者发病到中后期，病毒扩散到肠道和肾脏，会造成多种并发症出现。重症患者的治疗难度很大，因为没有特效药和治疗措施，医生只能采取针对性的辅助和支持治疗。

研究者通过大量的临床观察发现，人从感染新冠病毒到发病，潜伏期一般是 3～14 天，个别还有 27 天，甚至感染后一直无症状。但是感染病毒后，处于潜伏期和无症状的患者都具有传染性。新冠病毒的这一特点给防控、治疗增加了很大难度。

在传染病的范围内，“无症状感染者”不是新名词。其实，不少经典传染病都有无症状感染者，如登革热显性感染者与无症状感染者的比例约是 1∶2，流行性脑脊髓膜炎高达 90% 左右的患者都是无症状感染者。

一般来说，根据规律，新发生的急性传染病发展到中后期，无症状感染者就会越来越多。人们不可避免地会接触到少量病毒，但大部分人并不发病。新冠病毒在不断传播的过程中，杀伤力会逐步减弱。因为人是新冠病毒的宿主，病毒为了生存，毒性会逐渐减弱，最后病毒与人共存，否则病毒也只有死路一条。人类基因组测序结果显示，人类基因中有上万个基因片段都来自不同病毒。

研究者通过大量调查发现，大部分无症状感染者分布在与

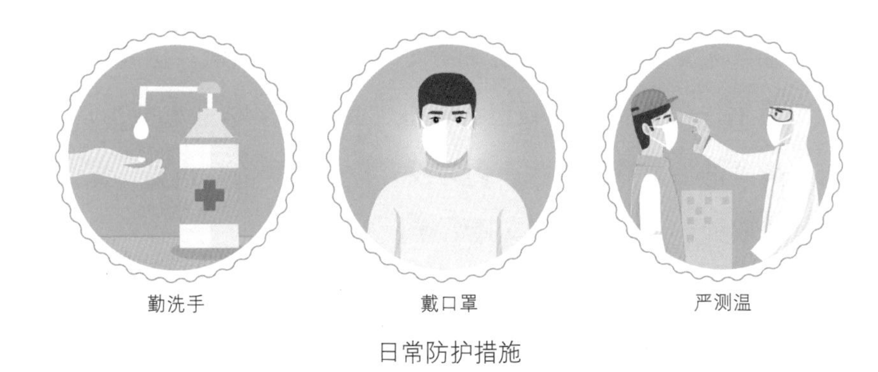

日常防护措施

患者密切接触的人群当中，所以要特别关注。如果流行病调查工作做得好，人们能够及时发现无症状感染者，及时将其隔离并严格管理，造成流行病的风险就会降低。

无症状感染者的传染期长短、传染性强弱、传染方式等还需进一步研究。目前来看，无症状感染者传染性相对较弱，需要非常密切的接触或共处于密闭不通风的场所才可能传染。这提醒我们做好防护工作，要有长期抗疫的思想准备。

新冠病毒的这些特征使它比 SARS 病毒和 MERS 病毒传播得更快、更广，短短四个月左右几乎传遍全球。感染人数也远远超过 SARS 病毒和 MERS 病毒，为疫情防控带来许多难题。

新冠病毒虽然“狡猾”，但只要掌握它的特点，采取科学的防范措施，就可以控制其传播和危害。实践证明，中国的动态清零政策是行之有效的。

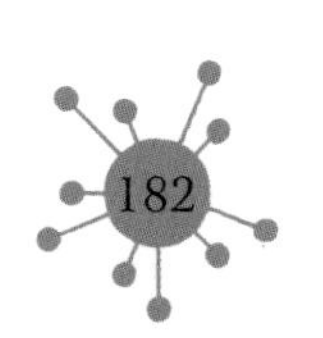

举国抗疫

中国有2003年的“非典”疫情防控经验，根据新冠肺炎疫情发展情况，在武汉疫情暴发时，快速建立了火神山、雷神山临时医院和多处方舱医院，及时对患者采取集中隔离、治疗措施。事实证明这些举措行之有效。为防止疫情在市内扩散，国家采取停工、停产、停课，市民宅居、小区封闭管理等措施；为防止疫情流向全国，武汉毅然决然采取封城措施。为保证措施实施到位，大批志愿者有组织地“逆行”，为社区服务，保障宅居市民的正常生活和防控安全。一系列强有力措施的实施，使得感染、发病人数逐渐减少，疫情得到控制。

为及时救治患者，全国各省市医护人员组织救援队驰援武汉市及湖北各市。前后共约4.2万名医护人员置生死于度外，全力以赴奋战在抗疫第一线，挽救了无数生命。全国各地集中大批各种物资支援武汉，以保证封城期间的医护需要和人们的生活需求得到满足，使得抗疫工作能够顺利进行。

正在救治病患的医护人员

在众多省市出现疫情后，全国人民统一自觉地居家隔离，采取戴口罩、不集会、不接触、勤消毒等防控措施。疫情逐渐平稳，感染、发病人数越来越少，情况好转起来。

中国的疫情迅速得到控制，完全是全国人民齐心合力、统一行动、共同奋斗的结果，特别是医护人员和奋斗在各条战线上的志愿者不怕牺牲、英勇奋斗的结果。

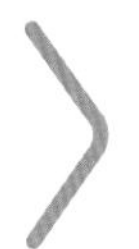

如何预防新冠病毒

接种新冠疫苗是十分重要的保护措施。但是要注意，免疫功能不全者，不能接种减毒活疫苗，可以接种灭活疫苗。如果你处于发热或疾病恢复期，就需要暂缓接种疫苗。慢性病患者、初发患者则需经咨询再决定可否接种疫苗。

在接种疫苗时要注意：疫苗注射完成后，不要用力揉、按伤口，只要轻轻地按住无菌棉签或棉纱，待到伤口不流血即可。打完疫苗后不要马上离开接种点，找个安静的地方坐下休息，至少要在接种处观察半小时，若有不良反应出现，如头晕、过敏等，马上请医生诊断处理，但一般不会有问题。如果回到家以后出现烦闷不安、体温略高、食欲差等症状，不用太过担心，一般情况下，两三天就会恢复正常。如果上述表现有加强的趋势，就要立即就医。

当然接种了疫苗不等于就绝对安全了，疫苗的保护作用与疫苗种类、个人体质及免疫水平、病毒变异等都有关系。因个人身体状况不同，个别人接种疫苗后防范不到位也可能被感染，但通常病情较轻，死亡率大大降低。因此接种疫苗之后仍需严格采取各种预防措施。

要谨记，凡是来自疫区或与感染者有过接触的人都必须自我居家隔离观察 14 天，按规定做核酸检测。人们居家隔离期间，房间要通风，每日 3 次，每次至少 20～30 分钟；另外要注意均衡饮食，适当运动，作息规律，不要劳累。出现症状的

正确戴口罩

1．洗净双手，将口罩左右对折，然后上下拉伸。有金属条的一端朝上，颜色较深的一面朝外。

2．戴上后用手指按压金属条，使其贴合鼻梁。

3．用手将口罩往脸部两边挤压，让口罩尽可能地贴合面部，不留缝隙。

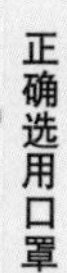

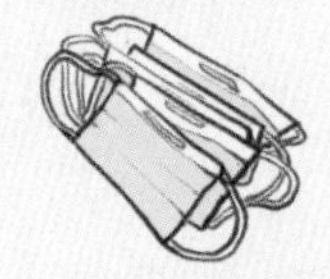

一次性医用口罩
(YY/T 0969)

医用外科口罩
(YY 0469)

颗粒物防护口罩
(GB 2626)

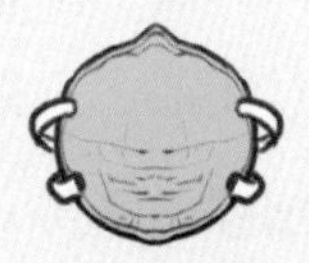

医用防护口罩
(GB 19083)

前往人员密集的场所时，一定要戴好口罩。

人要及时上报相关部门或到定点医院，接受隔离治疗。这样既可防止病毒传播，又可保护感染者，也会保护他人。

当你出门时一定要戴好口罩。戴口罩是为了保护自己、保护他人。凡是处于人员密集的场所，如教室、办公室、会议室、车间、餐厅、商场、机舱、车厢、电梯等，与其他人近距离相处小于 1 米时，都需要戴口罩。附近有咳嗽、打喷嚏等感冒症状者时，需戴一次性医用或医用外科口罩。与居家隔离、刚刚出院的康复人员共同生活时，需戴一次性医用或医用外科口罩。病毒流行期，出门需戴医用防护口罩，并要与其他人保持 1 米以上距离。

要注意，一次性医用口罩和医用外科口罩累计使用时间不要超过 8 小时，职业暴露人员使用口罩不能超过 4 小时。口罩不可重复使用，各种对口罩的清洗、消毒等措施均无证据证明其有效性。口罩废弃时先要用 75% 酒精对其喷洒，再将其装入塑料袋，放入垃圾桶。

要培养并保持良好的卫生习惯，如咳嗽、打喷嚏时要用纸巾、手帕遮挡口鼻，若实在来不及，可以用肘部遮挡口鼻，以防止大量细菌、病毒通过空气和气溶胶传播。

勤洗手也是至关重要的。出门洗手，进门洗手，穿衣、脱衣、穿鞋、脱鞋后洗手，戴口罩前洗手，摘口罩后洗手，饭前、

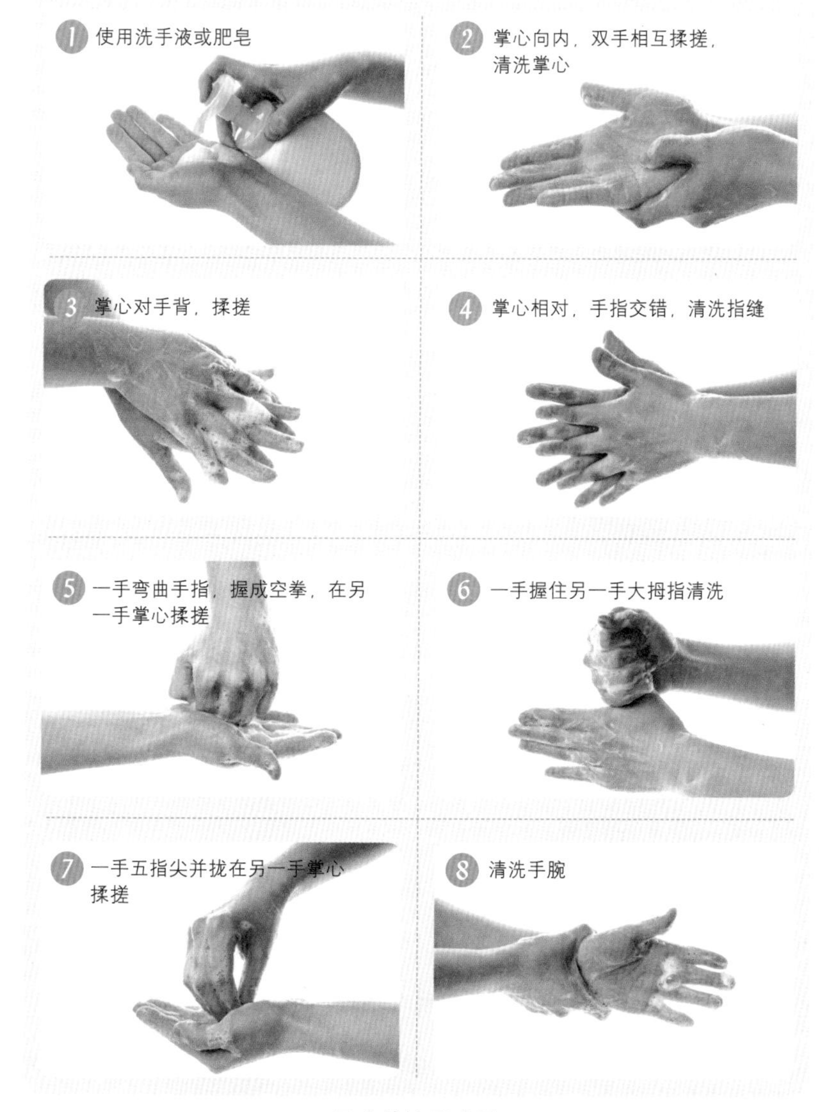
1 使用洗手液或肥皂
2 掌心向内，双手相互揉搓，清洗掌心
3 掌心对手背，揉搓
4 掌心相对，手指交错，清洗指缝
5 一手弯曲手指，握成空拳，在另一手掌心揉搓
6 一手握住另一手大拇指清洗
7 一手五指尖并拢在另一手掌心揉搓
8 清洗手腕

正确的洗手步骤

便后洗手，进厨房操作前、后要洗手。洗手需用肥皂洗 20 秒以上，保证病毒变性失去感染能力。一定要养成不用脏手摸嘴、抠鼻子、揉眼睛、乱摸东西的习惯，以减少被感染的可能。

消毒是防止疾病传播的重要措施。75% 酒精、乙醚、氯仿、甲醛、过氧乙酸对新冠病毒具有很好的杀灭作用，但是比较适用于小物件消毒，不太适合大量使用，因为这些有机物燃点低，易燃烧，容易引发火灾。而含氯消毒剂、84 消毒液可用于环境消毒，但是不可浓度过高，因为这些消毒剂有一定毒性，当你在家消毒时要注意安全。

另外，别忘了提醒你的妈妈爸爸，购买和处理食物时也要注意。特别是处理生的肉、禽、水产品等之后，要使用肥皂和流动水洗手至少 20 秒。不要在水龙头下直接冲洗生的肉制品，防止溅洒污染。购买、制作食材过程中接触生鲜食材时避免用手直接揉眼鼻。生熟食品要分开加工和存放，尤其在处理生肉、生水产品等食品时应格外小心，避免交叉污染。加工肉、水产品等食物时要确保煮熟、烧透，尽量不生吃。收到快递时，一定要消毒，然后放置一段时间，打开外包装后，最好再对购买的物品进行一次酒精消毒，以保证安全。

新冠病毒依然在全球肆虐，我们一定不要心存侥幸，不要不以为意，要严格执行防疫措施，这是每一个公民应尽的责任。

对付病毒的难题

- 善待生命
- 疫苗研发那样难
- 有杀死病毒的药吗
- 复杂的免疫系统

面对病毒的侵袭，人们一直在奋力反击，想尽各种办法对付它们。不过，这个“敌人”很难缠，研发药物和疫苗的过程困难重重。人类真的能“战胜”病毒吗？人类与病毒的相处之道究竟是什么？

复杂的免疫系统

人体免疫系统由三道防线构成：第一道是皮肤和黏膜，第二道由杀菌物质（如溶菌酶）和吞噬细胞构成，第三道由体液免疫和细胞免疫等特异性免疫细胞构成。当病原体进入人体后，免疫系统会很快发现它们并及时做出反应，一种位于组织内的称作巨噬细胞的白细胞首先发起进攻，将入侵病原体吞到“肚子”里，然后通过巨噬细胞内的酶把它们切割、分解成一个个片段，并将这些病原体片段摆放在细胞表面，带上病原体的抗原标识，表示自己已经吞噬过入侵的病原体，并让免疫系统中的T细胞知道。

T细胞，全称T淋巴细胞，是淋巴细胞的主要组分，具有多种功能，如直接杀伤侵染的病原体，辅助或抑制B细胞产生抗体及细胞因子等，是身体中抵御病原体感染和防止肿瘤形成的“英勇斗士”。T细胞产生的免疫应答是细胞免疫，细胞免疫的效应形式主要有两种：一种是与靶细胞特异性结合，破坏靶细胞膜，直接杀伤靶细胞；另一种是释放淋巴因子，使免疫效应扩大

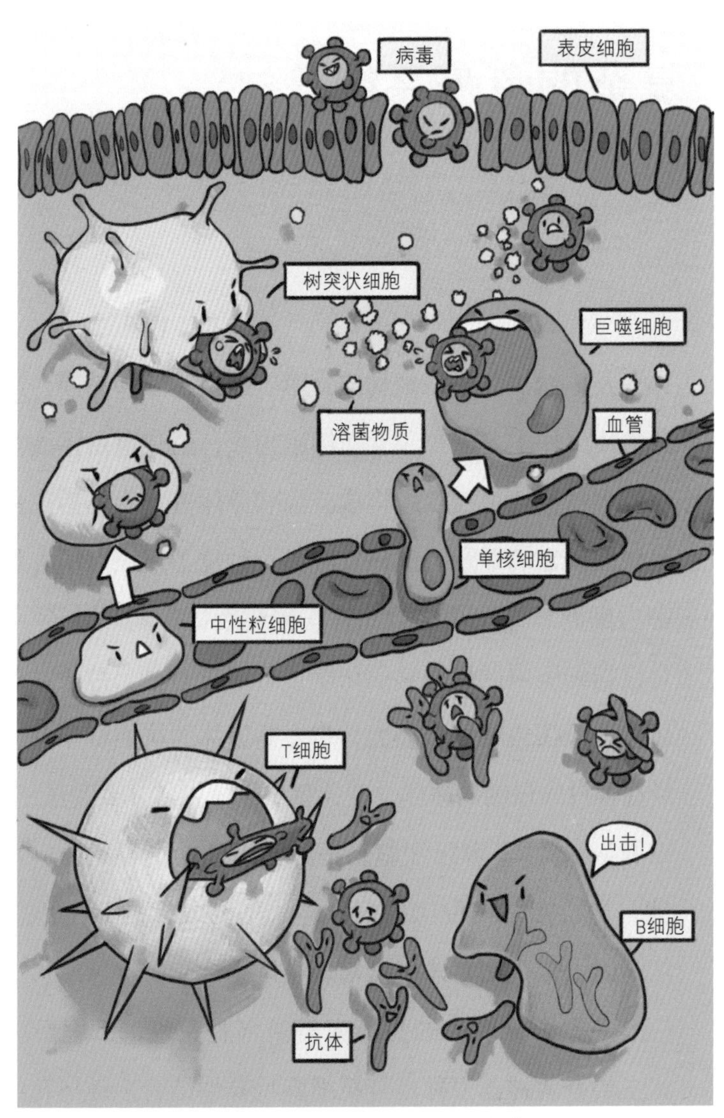

免疫系统“大军出动”对抗病毒。

和增强。

T细胞虽然定居于免疫器官的胸腺区，但可经淋巴管、外周血和组织液等进行再循环，发挥细胞免疫及免疫调节等功能。T细胞再循环有利于广泛接触进入体内的抗原物质，加强免疫应答，较长期地保持免疫记忆。T细胞的细胞膜上有许多不同的标识，主要是表面抗原和表面受体。

T细胞与带有病原体表面抗原的巨噬细胞相遇后，如同钥匙遇到了相配的锁，马上发生反应。这时，巨噬细胞便会产生淋巴因子激活T细胞。T细胞一旦“醒来”，便立即向整个免疫系统发出“警报”，报告有“敌人”入侵的消息。这时，免疫系统会释放出杀伤性T细胞，杀伤性T细胞能够找到那些已经被感染的人体细胞，找到之后便像杀手那样将这些细胞摧毁，以防止病原体增殖。在摧毁受感染的细胞的同时，B细胞产生抗体。B细胞分泌的抗体是可溶性蛋白分子，能够进入体液循环，与侵染病原体结合使其失去致病作用，同时B细胞也会将抗体记忆下来。免疫细胞在大量动员，“围歼”病原体时，还会释放各种酶类、细胞因子和过氧化物，直接将病原体杀死。

当第一次感染被抑制住以后，免疫系统会把这种病原体的所有特点记录下来。如果人体再次受到同样的病原体入侵，免疫系统就知道应该怎样对付它们，就能轻车熟路地将入侵之敌消灭掉。

通过一系列复杂的过程，免疫系统终于保卫住了我们的身体。但是，免疫系统在消灭“敌人”时，无意中也伤害了一些正常细胞或组织，造成炎症。这就是免疫系统的两重性。

免疫系统太弱，人会生病，免疫系统过强，人也会生病。自身免疫性疾病是免疫系统对自身机体的成分产生免疫反应，造成损害而引发的疾病。在某些因素影响下，机体的组织成分或免疫系统本身出现某些异常，致使免疫系统误将“自己人”当成了“敌人”，损害、破坏自身组织、脏器，导致疾病，甚至危害生命。

一般来说，人的免疫系统疾病的症状主要表现在易患感冒及其他感染性疾病，易疲劳或易过敏。根据病因及特性不同，大致常见的有艾滋病、过敏性疾病、风湿性关节炎、过敏性哮喘、慢性疲劳、Ⅱ型糖尿病、红斑狼疮及多发性硬化症。其中最严重的是艾滋病、红斑狼疮，比较轻的是过敏性疾病。总的来说，免疫性疾病都比较顽固，不是很好治疗。你看，任何事物都有平衡度的问题，既不能过弱，也不能过强。

有杀死病毒的药吗

病毒的可恶在于它们会“绑架”宿主细胞，你要阻止病毒复制往往也会给宿主细胞造成伤害，要研发既能杀死病毒、阻止病毒复制又不会伤害宿主细胞的药物，可谓困难重重。现在临床上使用的抗病毒药物或多或少都有一些毒副作用，还没有治疗病毒病的有效又无毒副作用的药物。

在 SARS 病毒和 MERS 病毒流行时，人们多采用针对性的辅助和支持治疗，如患者发烧就给他用退烧药，患者呼吸困难就让他吸氧，患者痰多了就给他吸痰，虽然比较安全，但是疗效有限。新冠病毒大规模流行时，人们同样还是主要采取针对性的辅助和支持治疗。

现在人们在治疗其他病毒病时已经在试用一些抗病毒药物，虽然它们都有毒副作用，但也有一定疗效。在目前的情况下，难保万全，只能求其次。即使药物有毒副作用，医生为了拯救患者生命，也不得不试着使用。

按照目前国家卫健委公布的诊疗方案，治疗艾滋病时，除了常规的病情检查和监测外，可对患者进行抗病毒治疗。患者发病早期可以试用抗反转录病毒药物克力芝，这种药的主要成分是洛匹那韦和利托那韦。它们是针对艾滋病病毒的蛋白酶抑制剂，洛匹那韦可以阻断聚蛋白的分解，导致艾滋病病毒产生未成熟的、无感染力的新病毒；利托那韦可以使艾滋病病毒无法成熟，从而无法再感染新细胞。这两种成分联合使用有更好的效果，因利托那韦可抑制艾滋病病毒分解洛匹那韦，保持洛匹那韦浓度，使其发挥更好的作用，所以克力芝在艾滋病治疗上获得较好疗效。但是这种药对人体有毒副作用，最常见的不良反应为腹泻、恶心、呕吐、高甘油三酯血症和高胆固醇血症。

面对疯狂的新冠病毒，全世界的科学家正在全力以赴研发治疗药物，现在虽有进展，但是要在短期内应用新药还十分困难。目前基本是使用对其他病毒病有一定疗效的药物来治疗新冠肺炎，疗效不理想，存在副作用。

疫苗研发那样难

1960年，中国科学家顾方舟成功研制出首批脊髓灰质炎减毒活疫苗，经过一系列艰难的临床试验，脊髓灰质炎疫苗被证明是安全的，并开始大量临床应用。1962年，顾方舟研发团队又研制成功糖丸减毒活疫苗。自此，中国脊髓灰质炎年平均发病率大幅度下降，数十万儿童免受其害。2000年，经世界卫生组织考察证明，中国已消灭脊髓灰质炎传染病。

中国自主研制的疫苗为防治重大传染性疾病做出了重要贡献。20世纪60年代初，中国消灭了天花，较全球根除天花早了10多年。2000年，中国实现了无脊髓灰质炎的目标。2006年，中国5岁以下儿童乙肝表面抗原携带率，从1992年的9.7%左右降至0.96%左右。2012年，中国实现了消除新生儿破伤风的目标，全国麻疹、百日咳、流行性脑炎、脊髓膜炎、乙型脑炎等发病率较1978年下降99%以上，连续7年无白喉病例报告。疫苗使得曾严重威胁中国人民健康的传染病得到控制，甚至被消灭，极大地保护了中国人民的身体健康。

由于病毒具有特殊性，其感染、致病、增殖机制不同于其他微生物病原体，治疗病毒病的有效药物的研发更加困难，到目前为止，人们还没有找到治疗病毒病的有效药物。因此，人们更期待疫苗能够尽快终止新冠病毒的传播。

预防病毒病的疫苗多种多样，不管哪一种，都必须确保安全、有效、无毒副作用。疫苗研发需要经历六个阶段：选育

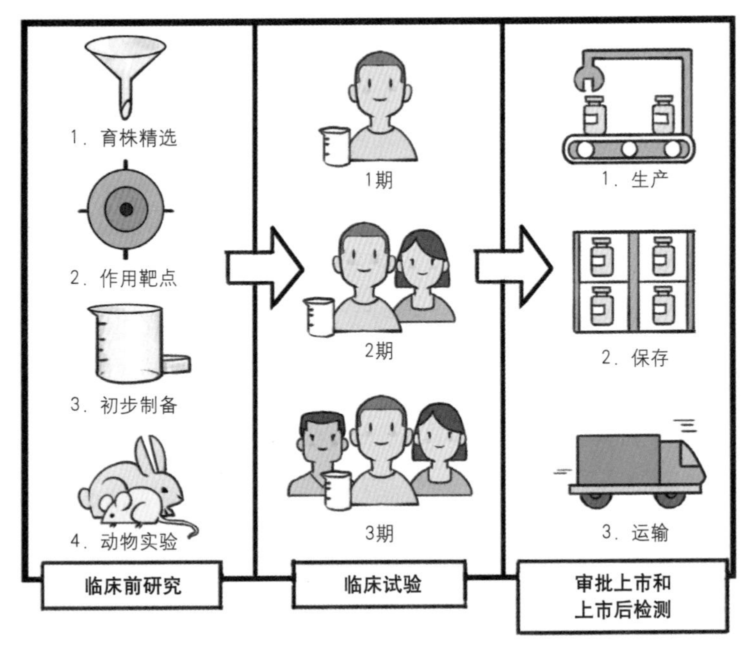

疫苗研发过程

病毒株；确定疫苗制备工艺；确定疫苗质量；评价疫苗的安全性，做疫苗的攻毒保护性试验；临床试验；市场许可认证后上市。这六个阶段只是解决了疫苗可用和被允许使用的问题。在此之后要大规模供应接种需求，就必须大量生产疫苗，还要确保疫苗质量。这又涉及一系列的技术、工艺、工程、设备及安全问题。只有通过三期临床试验（每期试验人数须成倍增加）证明新研发的疫苗安全有效，疫苗才会被批准生产。

因为疫苗研发和生产涉及面广、时间长，SARS 病毒和 MERS 病毒的疫苗只是完成了实验室和动物试验阶段，后面的工作还未开展就停止了。因此这也造成疫苗研发的投入没有任何回报，但是为新冠疫苗的研发积累了经验。

疫苗作为一种应用于健康人的特殊产品，安全性是第一位的。疫苗研发必须遵循科学规律以及严格的管理规范，科研人员需要一定的时间来开发出安全、有效的疫苗产品。中国面对新冠疫情，为尽快研发出有效疫苗，国家统一领导、协调各个有关部门，开展了灭活疫苗、腺病毒载体疫苗、减毒流感病毒载体疫苗、核酸疫苗、重组蛋白疫苗的研发。五条技术路线同时稳步推进，以切实保障成功率。同时在联防联控机制下，多个部门给予疫苗研发团队全方位的保障和支持，使研发工作进行得更加紧凑、高效。

过去一个创新性疫苗的研发需要几年到10年左右的时间，但随着科学技术的不断进步，疫苗的研发周期在逐渐缩短，此次新冠疫苗的研发，从毒株获得到疫苗研发，只用了98天就获得临床批件。这离不开科研人员的连续作战、奋力拼搏。

疫苗研发专班技术支持小组组长赵振东临危受命，带领自己的团队一直奔跑在新冠疫苗研发攻关的第一线，连续作战200多天，昼夜兼程，从未休息，为相关部门、科研机构、生产企业提供技术支持，为中国新冠疫苗科研攻关的顺利进行做出了重要贡献。2020年9月16日，赵振东因为劳累过度，在北京首都国际机场倒下再没有醒来。这位幕后英雄只有52岁，

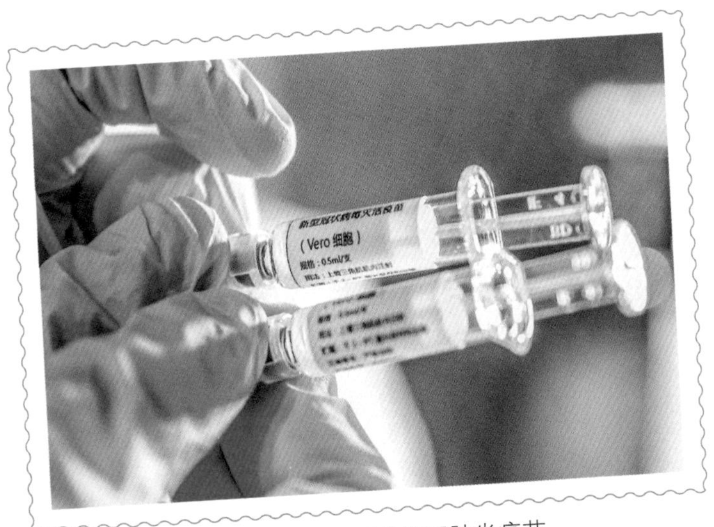

科学家全力以赴研发新冠肺炎疫苗。

便默然离开了我们。

中国以前的疫苗研发工作是按六个阶段依次进行，研发新冠疫苗时是能同步进行的就同步进行。监管审批也启动了特殊机制，在标准不降低、流程不减少的情况下，加速推进疫苗的审评审批。

经 1 年多的时间，中国两款灭活新冠疫苗问世，人们开始接种，之后腺病毒载体疫苗、重组蛋白疫苗也陆续被大量接种。今后还会有新的疫苗上市。2022 年 4 月，全国新冠疫苗接种近 33 亿支，接种率 89.65%，18 岁以上人员开始接种加强针。事实证明，中国的新冠疫苗是安全可靠的。疫苗的普及为防控疫情、保护人民健康做出重要贡献。

由于新冠病毒的基因比较简单，是单股的一段一段的 RNA，又缺少修正能力，复制过程中容易出错，容易造成基因发生改变，使得复制出的病毒发生变异。人接种原来疫苗产生的免疫能力对变异后的新病毒是否起作用，还需要进行验证。这也警示我们必须继续研发新疫苗，对此情况还需要提高警惕。

善待生命

进入 21 世纪，各种病毒病在不断流行。每年冬春季的流感、时不时肆虐的埃博拉病、2003 年的“非典”、2015～2019 年的中东呼吸综合征、经常流行的登革热等病毒病困扰着我们这个世界。尤其是这次的新冠肺炎，在短短的四个月内扩散到全世界，几乎没有一个国家幸免，而且在世界范围内大流行已有两年半，使得世界为之惊恐。

你一定想问，这些可恶的病毒从哪里来？全世界的科学家也在奋力地寻找答案。功夫不负有心人，经过大量的调查、基因测序分析，科学家发现有 170 多种病毒集中在蝙蝠身上。科学家进一步研究发现，这些病毒都是使人生病的病毒的“老祖宗”。那么蝙蝠身上这些“祖宗辈”的病毒又是怎样跑到人身上，使人生病的呢？科学家还在继续进行艰辛的努力，正在逐渐解开谜团。

埃博拉病毒引发了全世界的高度关注，研究人员进行大量

调查和研究，发现最早的埃博拉病毒是在一种果蝠身上，但是与在人群中流行的病毒有差别。显然人感染的埃博拉病毒并不是直接由果蝠传染给人的，可能还有“中介”或“接传者”。原来，生活在非洲热带雨林中的带有埃博拉病毒的果蝠，被黑猩猩捕捉、吃掉，埃博拉病毒因此转移到黑猩猩身上，并使黑猩猩感染。病毒经过适应变异，黑猩猩虽然也偶发埃博拉病，但是死亡率并不高。

而非洲热带雨林的居民喜欢猎杀黑猩猩，剥掉它们的皮骨，把肉切成长条在日光下晒成肉干。人们喜欢这样的食物，却使埃博拉病毒趁机“盯”上了人类，并在人群中传染流行，造成灾难。

2003 年暴发的“非典”，其祸根也是来自蝙蝠的 SARS 病毒，中间的传播者是果子狸。在“非典”流行之前，果子狸是某些地区菜市场里人们可以随意买到的野味。“非典”暴发之后，人们对果子狸又怕又恨，希望将果子狸消灭干净。但“非典”结束之后，人们又开始进食野味……

有人问：“既然威胁我们人类健康的病毒源头是这些野生动物，干脆将这些野生动物消灭，不就一劳永逸了？”答案很简单：这是不可能的，也是万万不行的。

就拿蝙蝠来说，实际上蝙蝠是极为有益的动物，为全世界

果子狸是 SARS 病毒的中间传播者。

的自然生态系统和人类经济提供宝贵的服务。蝙蝠现存有将近1400 种，除南北极和大洋中的一些岛屿外，各种生态系统中都有它们的存在。许多蝙蝠以昆虫为食，其中包括一些对农业危害极大的昆虫和与传染病有关的昆虫。还有的则以果实、花朵、花蜜等为食，间接为植物授粉，传播种子，确保植物正常生长和繁衍，为人类和各种动物供应食物。虽然蝙蝠携带有大量的各种病毒，但并不直接传染给人，只要人类采取得当的措施就可以减少其危害。

在我们这个地球上，病毒和细菌是最早出现的原始生物，之后随着地球环境的变化，它们不断地演化和进化，生命的形式越来越复杂。后来出现的植物、动物，甚至人，不仅基因中

有很多病毒和细菌的基因，而且在体内也存在大量的病毒和细菌。虽然其中个别的病毒或细菌会对生物体的生命健康产生负面作用，但多数为生物体的生存和健康做出重要贡献。病毒和细菌的存在，使得自然界的各种生物群体处于健康状态，保证了地球上各种生物种群的兴旺和生态平衡。

在这个世界上，任何一种事物都有好的一面，也有坏的一面，利弊共存，相互制约，相互平衡，这才是完美的世界。人类只是地球生物大家庭中的一员，我们和所有的生物是一个生命共同体，保护好所有的生物才能保护好我们人类自己，你说对吗？